••• Títulos relacionados

SOLDADURA CON ELECTRODO REVESTIDO FMEC0110
[OTROS TÍTULOS DISPONIBLES]

AF274187

SOLDADURA OXIGÁS Y MIG/MAG FMEC0210
[OTROS TÍTULOS DISPONIBLES]

OPERACIONES AUXILIARES DE FABRICACIÓN MECÁNICA FMEE0108
[OTROS TÍTULOS DISPONIBLES]

Solicítalos en:
- Librería
- www.paraninfo.es
- Solicitudes nacionales +34 914 463 350
- Solicitudes fuera de España +34 913 308 907, +34 913 308 919

Prevención de riesgos laborales en trabajos de soldadura

Nerhea Venegas

© 2026 Ediciones Paraninfo, S. A.
© 2026 Nerhea Venegas

Edición y maquetación: Ediciones Nobel, S. A.
Impresión: Liberdigital (Casarrubuelos, Madrid)

ISBN: 978-84-283-7352-4
Depósito legal: M-2405-2026

Impreso en España

Índice

Introducción normativa

La Ley Orgánica 3/2022, de 31 de marzo, de ordenación e integración de la Formación Profesional, contiene una disposición derogatoria única que afecta a la regulación de los certificados de profesionalidad, ahora denominados **Certificados Profesionales**. La referida normativa deroga la Ley Orgánica 5/2002, de 19 de junio, de las Cualificaciones y de la Formación Profesional, y abre un escenario de cambios que se irán implementando progresivamente.

La Ley Orgánica 3/2022, de 31 de marzo, de ordenación e integración de la Formación Profesional implica que toda la formación es acumulable. La oferta formativa se estructura de forma escalonada, siendo los Certificados Profesionales un nivel intermedio (Grado C) de una escala que va desde el Grado A hasta el E.

En los artículos 35 a 38 de la Ley 3/2022 se describe en qué consisten estos Certificados Profesionales: su oferta, formación asociada, estructura, duración, acceso, titulación y validez. Posteriormente, esta normativa se completa con lo dispuesto en el Real Decreto 659/2023, de 18 de julio, que desarrolla la ordenación del sistema de Formación Profesional. Concretamente en los artículos 67 a 81 es donde se hace referencia a la oferta formativa de Grado C, correspondiente a los Certificados Profesionales.

Están agrupados en 26 familias profesionales con características comunes del sector. En la actualidad hay más de medio millar de Certificados Profesionales incluidos en el Repertorio Nacional. Esta cifra no deja de crecer. Además, cada certificado está específicamente regulado por un real decreto.

Un Certificado Profesional corresponde al Grado C de la oferta del Sistema de Formación Profesional. Es un documento oficial, con validez en todo el territorio nacional y debe constar en el Catálogo Nacional de Ofertas de Formación Profesional, que certifica la capacitación para el desarrollo de una actividad profesional.

Debe detallar los módulos profesionales superados y los estándares de competencia profesional asociados a él e incluidos en el **Catálogo Nacional de Estándares de Competencias Profesionales**, así como su correspondencia con el Marco Español de Cualificaciones.

Despliegan su validez en un doble ámbito, laboral y académico:

- En el contexto laboral tienen validez profesional, porque acreditan las competencias en una determinada profesión. Para poder trabajar en algunas profesiones, se exigen determinadas cualificaciones, y los certificados sirven para acreditarlas.

- Asimismo, tienen validez académica, puesto que permiten continuar un itinerario formativo siempre que se cumplan los requisitos de acceso para cursar la titulación deseada. De tal modo que, los Certificados Profesionales que sean parte de un Grado D permitirán la matrícula modular para completar los módulos establecidos en el currículo y obtener el correspondiente título de técnico básico, técnico o técnico superior con validez en todo el territorio nacional.

Para obtener un Certificado Profesional (Grado C) es preciso cumplir con los requisitos de acceso para realizar la formación.

Estructura de los Certificados Profesionales

I. Identificación: denominación, familia y área profesional a la que pertenecen; nivel de cualificación profesional (1, 2 o 3); cualificación profesional de referencia; entorno profesional y módulos formativos que esté previsto cursar junto con la duración de cada uno de ellos.

II. Perfil profesional: incluye las competencias profesionales requeridas en el mercado laboral. En todas ellas se concretan las realizaciones profesionales y los criterios de realización.

III. Formación: describe los módulos formativos que esté previsto cursar para adquirir las competencias requeridas. En cada uno de ellos se indican las capacidades que se pretende alcanzar y la duración del módulo de prácticas no laborales —PNL—, para el que cabe solicitar exención si se cumplen determinados requisitos.

IV. Prescripciones de las personas formadoras.

V. Requisitos mínimos de espacios, instalaciones y equipamiento.

Los Certificados Profesionales se identifican con una denominación concreta y un código alfanumérico propio, y sirven para acreditar una determinada cualificación profesional. Cada certificado está asociado a una relación de unidades de competencia que, a su vez, se vinculan con una serie de módulos formativos específicos. Algunos módulos están integrados por unidades formativas y tanto unos como otras son, en ocasiones, transversales, lo que significa que se trata de contenidos incluidos en más de un Certificado Profesional.

Los Certificados Profesionales se articulan en tres niveles de competencia profesional (1, 2 y 3) conforme a lo dispuesto en el que será el Catálogo Nacional de Estándares de Competencias Profesionales, anteriormente Catálogo Nacional de Cualificaciones Profesionales (CNCP), según los criterios establecidos de conocimientos, iniciativa, autonomía y complejidad de las tareas, en cada una de las ofertas de Formación Profesional.

La oferta formativa dirigida a la obtención de los Certificados Profesionales tiene carácter modular para favorecer la acreditación parcial acumulable de la formación recibida y posibilitar así el avance en el itinerario de Formación Profesional para cualquiera que sea la situación laboral de cada persona en cada momento.

En definitiva, el Grado C constituye la oferta, parcial y acumulable, del sistema de Formación Profesional, de varios módulos profesionales del catálogo modular de Formación Profesional por razón de su significado en el mercado laboral y conducente a la obtención de un Certificado Profesional.

Las ofertas de Grado C de Formación Profesional tendrán por objeto módulos profesionales incluidos previamente en el catálogo modular de formación profesional y asociados al Catálogo Nacional de Estándares de Competencias Profesionales.

Finalidad de los Certificados Profesionales

- Contribuir a la ordenación de un Sistema de Formación Profesional al servicio de un régimen de formación y acompañamiento profesionales que sea capaz de responder con flexibilidad a los intereses, expectativas y aspiraciones de cualificación profesional de las personas a lo largo de su vida.

- Combinar escuela y empresa situando a la persona en el centro del sistema.

- Facilitar el aprendizaje permanente de toda la ciudadanía mediante una formación abierta, flexible y accesible, estructurada de forma modular, a través de la oferta formativa asociada al certificado.

- Acreditar las cualificaciones profesionales o las unidades de competencia recogidas en estas, independientemente de su vía de adquisición, bien sea través de la vía formativa, o mediante la experiencia laboral o vías no formales de formación.

- Favorecer, tanto a nivel nacional como europeo, la transparencia del mercado de trabajo.

- Contribuir a la calidad de la oferta de Formación Profesional.

Este libro

El presente libro desarrolla la Unidad Formativa denominada *Prevención de riesgos laborales en trabajos de soldadura,* UF2999.

Dicha unidad formativa está asociada a la Unidad de Competencia UC2313_2 *Ejecutar las operaciones de soldeo por arco bajo gas protector con electrodo consumible, soldeo MIG/MAG* perteneciente a la Cualificación Profesional de referencia FME684_2, de nivel 2, incluida en el Certificado Profesional denominado FMEC0119_2 *Soldadura por arco bajo gas protector con electrodo consumible, soldeo «MIG/MAG»,* dentro de la familia profesional Fabricación mecánica.

Según el Real Decreto 569/2023, de 1 de marzo, los contenidos que en esta obra se recogen se corresponden con una duración de 30 horas.

Tanto la estructura como el desarrollo del libro se ajustan al citado real decreto y más concretamente a los contenidos de la Unidad Formativa que le da título *Prevención de riesgos laborales en trabajos de soldadura,* UF2999.

Contenido

1. Conceptos básicos sobre seguridad y salud en el trabajo

   - El trabajo y la salud.

   - Los riesgos profesionales.

   - Factores de riesgo.

   - Consecuencias y daños derivados del trabajo:

     — Accidente de trabajo.

     — Enfermedad profesional.

     — Otras patologías derivadas del trabajo.

     — Repercusiones económicas y de funcionamiento.

   - Marco normativo básico en materia de prevención de riesgos laborales:

     — La ley de prevención de riesgos laborales.

     — El reglamento de los servicios de prevención.

     — Alcance y fundamentos jurídicos.

     — Directivas sobre seguridad y salud en el trabajo.

- Organismos públicos relacionados con la seguridad y salud en el trabajo:
  — Organismos nacionales.
  — Organismos de carácter autonómico.

2. **Riesgos generales y su prevención**
   - Riesgos en el manejo de herramientas y equipos.
   - Riesgos en la manipulación de sistemas e instalaciones.
   - Riesgos en el almacenamiento y transporte de cargas.
   - Riesgos asociados al medio de trabajo:
     — Exposición a agentes físicos, químicos o biológicos.
     — El fuego.
   - Riesgos derivados de la carga de trabajo:
     — La fatiga física.
     — La fatiga mental.
     — La insatisfacción laboral.
   - La protección de la seguridad y salud de los trabajadores:
     — La protección colectiva.
     — La protección individual.

3. **Actuación en emergencias y evacuación**
   - Tipos de accidentes.
   - Evaluación primaria del accidentado.
   - Primeros auxilios.
   - Socorrismo.
   - Situaciones de emergencia.
   - Planes de emergencia y evacuación.
   - Información de apoyo para la actuación de emergencias.

4. **Factores de riesgo en trabajos de soldadura**
   - Riesgos de caídas de objetos pesados.
   - Riesgo de golpes contra objetos.
   - Riegos de incendio.

- Riesgos de quemaduras.
- Riesgos por inhalación de humos y gases procedentes de la soldadura.
- Riesgos de explosión en la soldadura oxiacetilénica y corte por gas.
- Riesgos en piel y ojos por exposición a la radiación.
- Estrés térmico. Riesgos en atmósferas explosivas.
- Riesgos de contactos eléctricos.
- Riesgos derivados de la manipulación manual de cargas.
- Mantenimiento del equipo de soldadura.

■ Nota del Editor

En Ediciones Paraninfo estamos comprometidos con la calidad de la formación e intentamos que nuestros materiales respondan fielmente y con rigor a las necesidades de todos cuantos confían en nuestro sello editorial.

Tratamos de dar respuesta a los currículos de las unidades formativas y de los módulos que integran los distintos Certificados Profesionales, equilibrando la parte teórica con la práctica para que los procesos de aprendizaje se conviertan en experiencias gratificantes, tanto para docentes como para las personas inmersas en los procesos formativos.

Nuestros objetivos son contribuir de forma decisiva a afianzar aprendizajes, ayudar a adquirir destrezas que tengan significado para el empleo y conseguir potenciar el desarrollo personal.

Para lograrlo contamos con excelentes autores, expertos en las materias que abordan, en la mayoría de los casos docentes de dichas especialidades con dilatada experiencia tanto profesional como académica, porque buscamos perfiles familiarizados con los contextos laborales concretos a los que se refieren nuestros manuales.

Confiamos en poder serte de ayuda y esperamos tus impresiones acerca de nuestro trabajo. Sean positivas o negativas, serán muy bien recibidas y, sin duda, nos ayudarán a seguir mejorando y trabajando con ilusión para continuar siendo un referente en formación para el empleo.

Agradecemos tu confianza en nuestros manuales. Todo nuestro equipo queda a tu total disposición. Puedes contactar con nosotros en esta dirección de correo electrónico:

info@paraninfo.es

1. Conceptos básicos sobre seguridad y salud en el trabajo

Introducción

La prevención de riesgos laborales es fundamental para comprender la relación entre trabajo y salud, así como los factores que influyen en el bienestar de los trabajadores. Este capítulo ofrece una visión general de los conceptos básicos en seguridad laboral, desde la identificación de riesgos hasta las consecuencias de una gestión deficiente.

También se presenta el marco normativo y los organismos que lo regulan, como base para aplicar la prevención en los trabajos de soldadura e integrar la cultura preventiva en el entorno laboral.

Contenido

1.1. El trabajo y la salud

Durante el desarrollo de la actividad laboral, los trabajadores suelen verse expuestos a diferentes riesgos que pueden llegar a afectar a su salud. La prevención de riesgos laborales busca, en primer lugar, evitar dichas situaciones y, si no es posible, tratar de identificarlas y controlarlas para minimizar sus efectos. El objetivo último de la prevención de riesgos laborales es mejorar la salud de la población trabajadora. A este respecto, cabe destacar que el Instituto Nacional de Seguridad y Salud en el Trabajo (INSST) lleva años apostando por difundir un concepto de la salud laboral, que desborda el simple cumplimiento de la normativa vigente en prevención de riesgos laborales. De este modo, el INSST busca ser coherente con la Red Europea de Promoción de la Salud en el Trabajo (European Network for Workplace Healt Promotion [ENWHP]). La ENWHP se creó en 1996 con el apoyo de la Comisión Europea, con el objetivo principal de fomentar la salud y bienestar en el trabajo. La ENWHP (1997) enfatiza la importancia de reconocer la salud laboral desde un enfoque integral que incluya la participación activa de los trabajadores, empleadores y Gobiernos, así como un enfoque preventivo de promoción de la salud.

Figura 1.1. Seguridad en el trabajo.

Para comprender mejor la relación entre trabajo y salud, deberemos analizar previamente dichos conceptos:

El trabajo

La Organización Internacional del Trabajo define este como:

«Conjunto de actividades humanas, remuneradas o no, que produce bienes o servicios en una economía, o que satisface las necesidades de una comunidad o provee los medios de sustento necesarios para los individuos».

La evolución del trabajo a lo largo del tiempo ha estado determinada, en parte, por una mayor organización y tecnificación del mismo.

Se entiende por tecnificación, la transformación de procesos mediante el uso de herramientas y conocimientos técnicos para mejorar la eficiencia, precisión y productividad en diferentes actividades y sectores. Todo ello permite la reducción de la carga mental y física de los trabajadores.

Por otro lado, la organización del trabajo tiene como función mejorar la distribución de las tareas, los tiempos y los recursos, buscando, al igual que la tecnificación, mejorar la productividad y reducir esfuerzos innecesarios.

Figura 1.2. La tecnificación en el trabajo.

Por tanto, la evolución de la técnica y una correcta organización del trabajo contribuyen a un ambiente laboral más eficiente y seguro, promoviendo tanto el bienestar como la productividad de los trabajadores. Todo ello, unido al progreso social, debería resultar en una mejora significativa de la salud y calidad de vida de los trabajadores, eliminando o reduciendo en gran medida los riesgos que amenazan su salud. Aunque se ha logrado avanzar al respecto, todavía se siguen identificando riesgos importantes en muchos puestos de trabajo, especialmente en algunos sectores, siendo uno de ellos el de la soldadura.

La salud

Definir la salud es una tarea compleja.

El concepto de salud ha ido evolucionado a lo largo de la historia, pasando desde un acercamiento más cercano al enfoque biomédico, donde la salud era considerada principalmente como la ausencia de enfermedad, a modelos integradores en los que se han ido incorporando otros factores de salud, como el entorno social, el económico y las condiciones psicosociales.

De este modo, según la Organización Mundial de la Salud (OMS, 1948), la salud es «un estado completo de bienestar físico, mental y social, y no solamente la ausencia de afecciones o enfermedades».

A partir de esta definición podemos resaltar dos aspectos cruciales:

- La concepción de la salud desde un enfoque integral y multidisciplinar, que no se circunscribe a un encuadre exclusivamente biomédico, sino que incluye el ambiente social y los estados psicológicos, como elementos claves a la hora determinar el estado de salud de un individuo o conjunto de individuos.

- Un encuadre positivo del concepto de salud, entendiéndola como un estado que trasciende la mera ausencia de enfermedad.

Figura 1.3. Concepción multidisciplinar de la salud.

Como se ha mencionado previamente, la relación entre salud y trabajo es estrecha, especialmente en cuanto a la forma en que se lleva a cabo la actividad laboral. Por ello, resulta fundamental analizar las principales condiciones laborales que pueden influir en la salud de los trabajadores, para posteriormente identificar los factores de riesgo asociados.

1.2. Los riesgos profesionales

Los riesgos profesionales están establecidos por unas determinadas condiciones de trabajo.

Según el artículo 4 de la Ley 31/1995, de 8 de noviembre, de Prevención de Riesgos Laborales (LPRL), se define el riesgo laboral como «la posibilidad de que un trabajador sufra un determinado daño derivado del trabajo. Para calificar un riesgo desde el punto de vista de su gravedad, se valorarán conjuntamente la probabilidad de que se produzca el daño y la severidad del mismo». Además, en el mismo artículo, se definen las condiciones de trabajo como cualquier característica del trabajo que pueda tener una influencia significativa en la generación de riesgos para la seguridad y salud del trabajador. Dichas condiciones incluyen:

- Las características generales de los locales, instalaciones, equipos, productos y demás elementos presentes en el entorno laboral.

- La naturaleza de los factores físicos, químicos y biológicos presentes en el ambiente de trabajo, junto con sus respectivos niveles de intensidad, concentración o presencia.

- Los procedimientos relacionados con el manejo y uso seguro de los agentes anteriormente mencionados.

- Cualquier otra condición laboral, incluyendo las que se refieren a su organización y disposición, que pueda afectar a la intensidad de los riesgos a los que los trabajadores están expuestos.

En conclusión, es esencial llevar a cabo un análisis de las condiciones laborales, ya que son el factor principal que influye en la aparición de riesgos para la seguridad y salud de los trabajadores. Estas condiciones comprenden todos los aspectos y circunstancias que rodean el entorno laboral, los cuales, entre otros, pueden incluir:

- Las condiciones de seguridad de los lugares de trabajo.

- Los materiales y equipos utilizados en la ejecución de las tareas.

- La presencia de contaminantes en el ambiente laboral.

- Las características de las tareas, prestando especial atención a los aspectos psicológicos y profesionales involucrados.

- Las condiciones de la jornada laboral, como la duración y la organización del tiempo de trabajo.

A continuación, se tratará de especificar de manera más exhaustiva dichas condiciones de trabajo y los factores de riesgo asociados.

1.3. Los factores de riesgo

Los factores de riesgo pueden agruparse en dos grandes categorías:

Factor humano: todo aquel relacionado con aspectos de la persona que realiza el trabajo. Este factor puede dividirse a su vez en:

- *Las condiciones personales del trabajador*: incluyen el estado de salud, características fisiológicas o edad, entre otros factores individuales.

- *Actos y prácticas inseguras*: hacen referencia a comportamientos o formas de realizar un determinado trabajo que pueden llegar a generar situaciones de riesgo, tanto para el que lo realiza como para otras personas en el entorno de trabajo.

Factor técnico: engloba las condiciones materiales presentes en los lugares de trabajo, es decir, las condiciones de trabajo.

Los riesgos enmarcados dentro del factor técnico pueden clasificarse en:

- *Riesgos relacionados con la seguridad en el trabajo*: aquellos relacionados con las condiciones materiales presentes en el trabajo que pueden afectar a la seguridad y salud en el trabajo. Estos pueden estar originados por los locales de trabajo, instalaciones, equipos o herramientas de trabajo, etcétera.

Figura 1.4. Seguridad en el trabajo.

- *Riesgos químicos*: hacen referencia a las situaciones de riesgo derivadas de la exposición a sustancias químicas que pueden alterar la salud de los trabajadores. Estos pueden presentarse en diferentes formas, como gases, vapores o líquidos, por poner algunos ejemplos, y entrar en contacto con el organismo principalmente a través de la inhalación, contacto dérmico o ingestión.

Figura 1.5. Riesgos químicos.

- *Riesgos biológicos*: estos están derivados de la exposición a organismos vivos o sustancias de origen biológico que pueden comprometer la seguridad y salud de los trabajadores. Entre otros, encontramos virus, bacterias o parásitos, y las principales formas de contacto suelen ser por inhalación, contacto cutáneo o mucoso, por ingestión accidental o por picaduras o mordeduras.

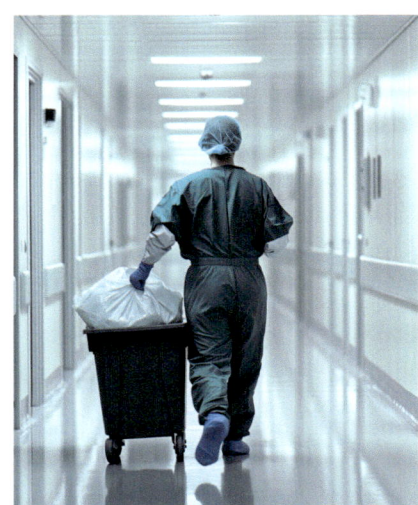

Figura 1.6. Riesgos biológicos.

- *Riesgos físicos*: en esta categoría se encuentran las diferentes formas de energía con potencial para afectar a la salud y bienestar del personal expuesto. Algunos ejemplos serían: el ruido, las vibraciones o las temperaturas extremas.

Figura 1.7. Riesgos físicos.

- *Riesgos ergonómicos*: son aquellos factores del entorno laboral que pueden provocar daños o molestias en la salud de los trabajadores debido a la forma en que se organizan, diseñan o realizan las tareas. Estos riesgos están relacionados principalmente con el diseño inadecuado de las condiciones de trabajo, las posturas adoptadas, el esfuerzo físico requerido, la repetitividad de las tareas y el tiempo de exposición a estas condiciones.

Figura 1.8. Riesgos ergonómicos.

- *Riesgos psicosociales*: los riesgos psicosociales se relacionan con los factores laborales, como la organización del trabajo o las relaciones interpersonales, que pueden afectar al bienestar psicológico, emocional y social de los trabajadores. Algunos de los más relevantes son el estrés laboral, la violencia o el acoso laboral o el *burnout* o síndrome de agotamiento profesional.

Figura 1.9. Riesgos psicosociales.

Identificación y evaluación de riesgos

El primer paso para una correcta evaluación de los riesgos laborales será identificar todos los riesgos presentes en los puestos o centros de trabajo.

Según el Real Decreto 39/1997, de 17 de enero, por el que se aprueba el Reglamento de los Servicios de Prevención (el cual analizaremos de nuevo en el punto 1.5), una vez identificados y analizados dichos riesgos se debe realizar una valoración de los riesgos que no se pueden evitar. Para ello, se utilizarán criterios objetivos de valoración, según los conocimientos técnicos existentes de modo que se pueda concluir la necesidad de evitar, controlar o reducir el riesgo. Cabe señalar que el Instituto Nacional de Seguridad y Salud en el Trabajo (INSST) pone a disposición una amplia variedad de herramientas para la evaluación de riesgos laborales, tanto de carácter general como específicas por sector o tipología de riesgo. Entre ellas, destaca la publicación «Directrices básicas para la evaluación de riesgos laborales» (INSST, 2021), que ofrece un enfoque práctico y estructural para llevar a cabo dicha evaluación conforme a la normativa vigente.

Los métodos para dicha valoración pueden requerir mediciones, análisis o ensayos específicos para determinados riesgos, o bien puede realizarse mediante la directa apreciación profesional acreditada (siempre y cuando esta pueda llegar a una conclusión sin necesidad de los primeros).

Veamos dos ejemplos:

- Riesgos por exposición al ruido: para medirlo, seguiremos las directrices del Real Decreto 286/2006, sobre la protección de los trabajadores contra los riesgos relacionados con la exposición al ruido en el trabajo y, de ser necesario, utilizaremos sonómetros o dosímetros que cumplan con los requisitos de la Norma UNE-EN ISO 61672-1. El Real Decreto 286/2006 establece unos valores límites de exposición concretos para valorar si el riesgo es aceptable o se necesitan establecer medidas correctivas.

- Riesgo de caída en altura de una plataforma elevadora de personal (PEMP): en este caso, se realiza una apreciación directa, observando *in situ* el estado de la PEMP, las zonas donde se desarrollarán los trabajos y los procedimientos habituales de trabajo. También se recopila información sobre las condiciones de las personas que realizarán dichos trabajos, incluida su formación y experiencia.

Cuando no exista un método o procedimiento sistematizado para valorar ciertos riesgos, podemos recurrir a una evaluación basada en su gravedad, tal y como se recoge en el método general de evaluación de riesgos del documento «Evaluación de riesgos laborales» (INSST,1996). Como se mencionó anteriormente, al definir el concepto de riesgo laboral, la valoración de estos se realiza considerando de manera conjunta la probabilidad de que se produzca el daño y la severidad de este.

Es importante destacar que la Ley de Prevención de Riesgos Laborales establece que toda actividad laboral implica cierto nivel de riesgo, por lo que el riesgo cero es inalcanzable. No obstante, la prevención busca minimizar su probabilidad al máximo.

A continuación, desglosamos los elementos asociados al concepto de riesgo:

- *Probabilidad*: es el grado de posibilidad de que se materialice un riesgo y, por tanto, que ocurra el daño. Puede dividirse en probabilidad **alta** (el daño ocurrirá siempre o casi siempre), **media** (el daño ocurrirá en algunas ocasiones) y **baja** (el daño ocurrirá raras veces).

- *Severidad*: se refiere a la magnitud de los efectos que tendría el daño si el riesgo se llega a materializar. La severidad suele clasificarse en **extremadamente dañina** (daños graves o fatales, como, por ejemplo, una lesión que pone en peligro la vida), **dañina** (daños que requieren atención médica especializada, pero que no son fatales como fracturas menores) y **ligeramente dañina** (daños que no suelen requerir atención médica especializada, al menos de forma inmediata, como, por ejemplo, cortes superficiales).

Siguiendo el método general de evaluación de riesgos anteriormente nombrado, podemos valorar el nivel de riesgo con el siguiente cuadro:

Tabla 1.1. Niveles de riesgo.

Niveles de riesgo		Consecuencias		
		LIGERAMENTE DAÑINO	DAÑINO	EXTREMADAMENTE DAÑINO
Probabilidad	BAJA	Trivial	Tolerable	Moderado
	MEDIA	Tolerable	Moderado	Importante
	ALTA	Moderado	Importante	Intolerable

Posteriormente, se tomarán las decisiones oportunas, pudiendo ser de orientación la siguiente tabla:

Tabla 1.2. Acción y temporización según niveles de riesgo.

RIESGO	ACCIÓN Y TEMPORIZACIÓN
Trivial	No se requieren acciones concretas.
Tolerable	No se requieren acciones preventivas, pero sí comprobaciones periódicas para verificar la eficacia de las medidas de control y del nivel de riesgo.
Moderado	Se debe reducir el nivel de riesgo implementando las medidas de prevención y control oportunas en un tiempo determinado.
Importante	No debe comenzarse el trabajo hasta que el riesgo haya sido reducido, y las medidas de control deben implementarse en un tiempo menor al de los riesgos moderados.
Intolerable	No debe ni comenzarse ni continuarse el trabajo. Si no es posible disminuir el riesgo con los recursos disponibles, deben paralizarse y prohibirse los trabajos.

1.4. Consecuencias y daños derivados del trabajo

Según la **LPRL**, en su artículo 4.3, se entiende como daños derivados del traba-jo aquellas enfermedades, patologías y lesiones sufridas con motivo u ocasión del trabajo. Este concepto abarca tanto los accidentes de trabajo como las en-fermedades profesionales, así como cualquier otra alteración de la salud rela-cionada con la actividad laboral desempeñada.

Figura 1.10. Daños derivados del trabajo.

1.4.1. Accidente de trabajo

En el ámbito de la prevención de riesgos laborales, especialmente en sectores de alta peligrosidad como la soldadura, es fundamental comprender el concep-to de trabajo y la normativa que lo regula.

Desde un punto de vista legal, el Texto Refundido de la Ley General de la Se-guridad Social (TRLGSS), aprobado por el Real Decreto Legislativo 8/2015 (RD 8/2015), define en el artículo 156 el accidente de trabajo como toda le-sión corporal que el trabajador sufra con ocasión o por consecuencia del tra-bajo que ejecute por cuenta ajena. Además, el artículo 316, punto 2, amplía esta definición al ámbito de los trabajadores autónomos, indicando que un accidente de trabajo en este contexto es aquel ocurrido por la consecuencia directa e inmediata del trabajo realizado por cuenta propia.

La definición de accidentes de trabajo también se extiende a los accidentes que se producen durante el trayecto habitual entre el domicilio y el lugar de trabajo (accidente *in itinere*).

La LPRL establece una serie de obligaciones al empleador o empresario rela-cionadas con los accidentes de trabajo:

- Garantizar la seguridad y salud de los trabajadores mediante la adopción de medidas preventivas y la implementación de un sistema de gestión de la seguridad y salud laboral. Esto incluye la formación e información sobre los riesgos laborales y los procedimientos de actuación en caso de accidente.

- Registrar y notificar los accidentes de trabajo a la autoridad laboral, investigarlos para identificar sus causas y tomar medidas correctivas.

- Realizar evaluaciones de riesgos, implementar medidas de prevención y garantizar un entorno laboral seguro.

- Realizar una adecuada vigilancia periódica de la salud.

Los accidentes de trabajo en el sector de la soldadura son relativamente comunes debidos a los riesgos inherentes a la actividad, que involucra el uso de equipos de altas temperaturas, electricidad y productos químicos. Los accidentes más frecuentes incluyen quemaduras, descargas eléctricas y exposición a humos y gases tóxicos. Para mitigar estos riesgos, es fundamental implementar una formación adecuada y proporcionar equipos de protección individual (EPI) específicos, como guantes, gafas, mascarillas y ropa ignífuga. A lo largo del Capítulo 4, se abordarán los riesgos más comunes en la soldadura y las estrategias preventivas para reducir la probabilidad de accidentes en este tipo de trabajos.

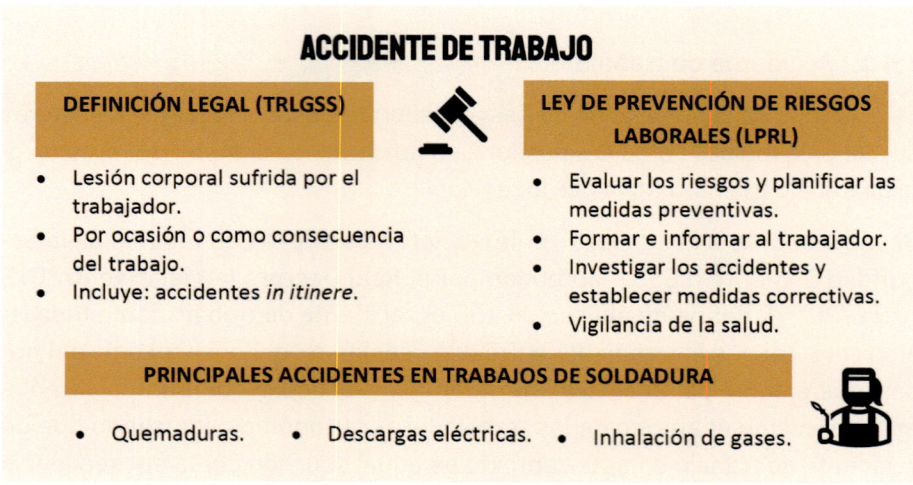

Figura 1.11. Accidente de trabajo.

1.4.2. Enfermedad profesional

El artículo 157 del TRLGSS define la enfermedad profesional como aquella contraída por el trabajador debido a la exposición de agentes o sustancias relacionadas con su actividad laboral, tal y como se específica en la lista de enfermedades profesionales del Real Decreto 1299/2006, de 10 de noviembre, por el que se aprueba el cuadro de enfermedades profesionales en sistema de la Seguridad Social. El artículo 316 del TRLGSS extiende esta definición a los trabajadores autónomos.

Desde un punto de vista técnico, las enfermedades profesionales se pueden clasificar y analizar en función de los factores de riesgo presentes, la intensidad del contacto, la duración de la exposición y la susceptibilidad del trabajador:

- **Factores de riesgos presentes**: agentes químicos (por ejemplo, humos de soldadura), físicos (como radiación o ruido), ergonómicos (como posturas inadecuadas) y biológicos (por ejemplo, bacterias).

- **Intensidad del contacto**: la concentración de los agentes contaminantes como gases o humos en el entorno de trabajo puede determinar la gravedad de la exposición. Existen valores límites ambientales (VLA) establecidos para limitar la cantidad de estos agentes. Es fundamental controlar y mantener los niveles de exposición por debajo de estos límites para proteger la salud del trabajador.

- **Tiempos de exposición**: la legislación también establece límites para la duración de exposición a determinados agentes peligrosos (VLEP) que no deben superarse. Estos límites varían según el tipo de agente y su toxicidad.

- **Susceptibilidad del trabajador**: la Ley de Protección de Riesgos Laborales y el Real Decreto 1299/2006 exigen evaluaciones médicas periódicas para identificar vulnerabilidades (como estado de salud previo, edad, etc.) y adoptar medidas preventivas adicionales si es necesario, protegiendo así al trabajador.

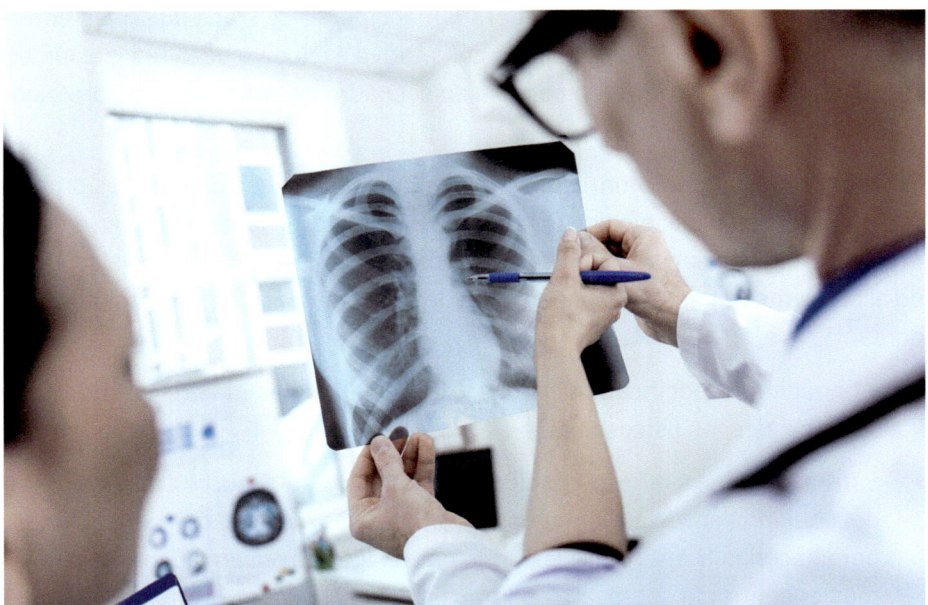

Figura 1.12. Enfermedades profesionales.

Respecto a las enfermedades profesionales, se aplican las mismas disposiciones de la LPRL que para los accidentes de trabajo. Esto incluye la obligación de informar y formar a los trabajadores sobre los riesgos asociados a su actividad laboral, la necesidad de adoptar medidas preventivas para proteger la salud de los trabajadores, así como una adecuada vigilancia de la salud.

En el ámbito de la soldadura, las enfermedades profesionales están estrechamente relacionadas con la exposición a condiciones de trabajo que pueden afectar a la salud a largo plazo. Los soldadores, por ejemplo, pueden sufrir enfermedades respiratorias debido a la inhalación de gases y humos tóxicos generados durante el proceso de soldadura. Asimismo, la exposición constante a ruidos fuertes puede ocasionar problemas auditivos, mientras que las quemaduras repetidas pueden derivar en afecciones cutáneas. Unas medidas ergonómicas insuficientes también pueden causar trastornos musculoesqueléticos. Por tanto, es fundamental que los empleados pongan en práctica las medidas preventivas adecuadas, como asegurar una correcta ventilación y usar los equipos de protección pertinentes. Al igual que con los accidentes de trabajo, analizaremos con más detalle estos aspectos en capítulos posteriores.

1.4.3. Otras patologías derivadas del trabajo

Más allá de los accidentes de trabajo y las enfermedades profesionales, hay una serie de daños que quedan definidos en el artículo 156 de la Ley General de la Seguridad Social: «Se entenderá por accidente de trabajo [...] las enfermedades que contraiga el trabajador con motivo exclusivo de la realización de su trabajo, aunque no estén recogidas en el cuadro de enfermedades profesionales».

Estas patologías no traumáticas derivan en muchos casos de factores organizativos, sociales y psicológicos presentes en el entorno laboral. Dentro de este grupo, cobra especial importancia el estudio de los riesgos psicosociales, debido al creciente impacto que tienen sobre la salud mental y física de los trabajadores.

A continuación, especificamos algunas de las patologías más relevantes derivadas de los **riesgos psicosociales**:

- *Estrés laboral*: es la respuesta física y emocional que surge cuando hay un desequilibrio entre las demandas laborales y las capacidades del trabajador para hacerlas frente. Entre los principales factores desencadenantes podemos encontrar la sobrecarga de trabajo, la falta de control sobre las tareas, la monotonía, la violencia laboral y las condiciones de trabajo peligrosas.

- *Síndrome de* burnout: es un tipo de manifestación de estrés laboral crónico que se caracteriza por agotamiento emocional, despersonalización y una fuerte disminución de la realización personal en el trabajo.

- *Depresión y ansiedad*: estos cuadros psicológicos pueden aparecer por diversas causas, como altas demandas en el trabajo, falta de reconocimiento, acoso psicológico o inestabilidad laboral. Estas enfermedades pueden llegar a incapacitar al trabajador, y hoy en día suponen un importante problema de salud pública.

- *Insatisfacción laboral*: esta se manifiesta como un desagrado hacia el trabajo, acompañada de una sensación de malestar y desmotivación hacia el mismo. Si bien no es una enfermedad en sí, a largo plazo puede desencadenar en problemas psicosomáticos y trastornos de salud mental.

Para que estas patologías puedan ser reconocidas como accidentes de trabajo, se debe poder demostrar que la causa es exclusivamente laboral, lo cual supone un gran desafío, debido a que los trastornos psicológicos tienen en la mayoría de los casos un origen multifactorial. Sin embargo, cada vez son más los casos en que los tribunales reconocen los daños laborales de origen psicosocial como accidentes laborales, especialmente cuando hay una clara falta de medidas preventivas adecuadas. Recordemos que la LPRL obliga a las empresas a evaluar y controlar los riesgos laborales, y entre ellos se incluyen los de origen psicosocial. Las medidas preventivas más relevantes al respecto son la adecuada organización del trabajo, la mejora del clima laboral, los protocolos contra el acoso o la formación en gestión del estrés.

Figura 1.13. Otras patologías derivadas del trabajo.

1.4.4. Repercusiones económicas y de funcionamiento

Todos los daños tratados en los puntos anteriores suponen un impacto tanto sobre el trabajador que los sufre y su entorno como sobre la empresa a la que pertenece. Además, hay que contar con la carga que representa para el sistema de salud y de seguridad social.

Entre las **repercusiones económicas** más relevantes encontramos:

- Costes sanitarios y asistenciales de la atención médica.

- Indemnizaciones por accidentes de trabajo o enfermedad profesional.

- Costes asociados a la sustitución de personal, como los contratos por sustituciones o las formaciones para esos nuevos trabajadores temporales.

- Costes por pérdidas de equipamiento o daños a las instalaciones relacionadas con determinados accidentes de trabajo.

- Disminución de la productividad, lo cual puede deberse a diversos factores, entre otros: ausencia del trabajador en su periodo de baja, falta de experiencia inicial de los trabajadores sustitutos o por tratarse de un accidente que paralice una cadena de producción.

Entre las **repercusiones en el funcionamiento sufridas por el propio trabajador** encontramos:

- Consecuencias físicas: desde lesiones leves hasta incapacidades permanentes.

- Secuelas psicológicas.

- Pérdida de ingresos o disminución de estos.

Por otro lado, las **repercusiones más relevantes de funcionamiento para la empresa** son:

- Sobrecarga de otros trabajadores, lo cual a su vez puede derivar en nuevos accidentes, malestar o desmotivación.

- Pérdida de personal experimentado, especialmente si el trabajador tenía un perfil técnico especializado.

- Deterioro del clima laboral.

- Aumento del absentismo laboral.

- Impacto negativo en la imagen de la empresa, lo que a su vez puede suponer pérdidas de nichos de mercado.

1.5. Marco normativo básico en materia de prevención de riesgos laborales

La prevención de riesgos laborales en España se sustenta sobre un conjunto de normas generales y específicas que establecen los principios, derechos y obligaciones de empleadores y trabajadores en materia de seguridad y salud en el trabajo.

En este epígrafe se describen las disposiciones normativas básicas que constituyen el marco legal común de aplicación para todas las situaciones tratadas a lo largo de este libro, incluyendo la Ley 31/1995 de Prevención de Riesgos Laborales (LPRL), el Reglamento de los Servicios de Prevención (Real Decreto 39/1997), y las Directivas Europeas en la materia.

Salvo indicación expresa, se entenderá que estas normas generales son de aplicación a todos los riesgos y procedimientos analizados en puntos posteriores, mencionándose en los distintos apartados **únicamente** la normativa específica relacionada con cada tema.

1.5.1. La Ley de Prevención de Riesgos Laborales

La ya citada Ley 31/1998, de 8 de noviembre, de Prevención de Riesgos Laborales (LPRL), constituye el marco básico en España para garantizar la seguridad y salud de los trabajadores.

El objetivo principal de esta ley es promover unas condiciones de trabajo seguras basándose en la aplicación de una serie de medidas preventivas que estén integradas en todos los niveles y fases de la actividad empresarial. Se aplica a todas las empresas, tanto públicas como privadas.

Los principios de la acción preventiva

La LPRL indica una serie de principios básicos que deben guiar las actuaciones preventivas en una empresa:

- Evitar los riesgos.
- Evaluar los riesgos que no se pueden evitar.
- Combatir los riesgos en su origen.
- Adaptar el trabajo a la persona.
- Tener en cuenta la evolución de la técnica.
- Sustituir lo peligroso por lo que entrañe poco o ningún peligro.
- Adoptar medidas que antepongan la protección colectiva a la individual.
- Dar las debidas instrucciones a los trabajadores.

LEY DE PREVENCIÓN DE RIESGOS LABORALES

OBJETIVO GENERAL
- Proteger la salud y seguridad de los trabajadores

PRINCIPIOS DE LA ACCIÓN PREVENTIVA
- Evitar riesgos
- Evaluar los inevitables
- Combatirlos en su origen
- Adaptar el trabajo a la persona

OBLIGACIONES DEL EMPRESARIO
- Evaluar los riesgos
- Informar y formar
- Proporcionar los EPI
- Vigilancia de la salud

DERECHOS Y OBLIGACIONES DE LOS TRABAJADORES
- Protección eficaz frente a los riesgos
- Participación
- Respetar las normas de seguridad y uso correcto de EPI

ORGANIZACIÓN PREVENTIVA
- Empresario
- Trabajador designado
- Servicio de prevención (propio o ajeno)

REPRESENTACIÓN Y CONTROL
- Delegados de prevención
- Comité de seguridad y salud
- ITSS

Figura 1.14. Ley de Prevención de Riesgos Laborales.

PRINCIPIOS DE LA ACCIÓN PREVENTIVA

Evitar

Evaluar lo inevitable

Combatir en origen

Adaptar a la persona

Anteponer la protección colectiva

Sustituir lo peligroso

Evolución de la técnica

Instrucciones de trabajo

Figura 1.15. Principios de la acción preventiva.

Obligaciones del empresario

La empresa es la principal encargada de garantizar la seguridad y salud de sus trabajadores, para lo cual debe:

- Evaluar los riesgos laborales y planificar la acción preventiva.

- Adoptar las medidas adecuadas de prevención y protección.

Informar y formar a los trabajadores sobre los riesgos y medidas adoptadas.

- Consultar y facilitar la participación de los trabajadores en las cuestiones relacionadas con la prevención.

- Organizar, de forma adecuada, los recursos preventivos asignando una de estas modalidades: asunción por el empresario, trabajador designado o servicio de prevención propio o ajeno.

Figura 1.16. Obligaciones del empresario en materia de PRL.

El incumplimiento de las obligaciones en materia de prevención de riesgos laborales por parte de la empresa puede derivar en sanciones administrativas, civiles o penales.

Derechos y deberes de los trabajadores

Los trabajadores tienen derecho a:

- Recibir información y formación en materia preventiva.

- Ser consultados y participar en las decisiones preventivas.

- Interrumpir su actividad en caso de riesgo grave e inminente.

- Vigilancia de su estado de salud.

Los trabajadores tienen la obligación de:

- Usar adecuadamente las máquinas, aparatos, herramientas, sustancias peligrosas, equipos de transporte y, en general, cualesquiera otros medios con los que desarrollen su actividad.

- Utilizar correctamente los medios y equipos de protección facilitados por el empresario, de acuerdo con las instrucciones recibidas de este.

- Informar de inmediato a su superior jerárquico directo o al servicio de prevención, sobre cualquier situación que, a su juicio, entrañe, por motivos razonables, un riesgo para la seguridad y salud de los trabajadores.

- No poner fuera de funcionamiento y utilizar correctamente los dispositivos de seguridad.

- Contribuir al cumplimiento de las obligaciones establecidas por la autoridad competente con el fin de proteger la seguridad y salud de los trabajadores en el trabajo.

- Cooperar con el empresario para que este pueda garantizar unas condiciones de trabajo seguras.

De acuerdo con la LPRL el incumplimiento por los trabajadores de estas obligaciones tiene consideración de incumplimiento laboral a los efectos previstos en el Estatuto de los Trabajadores o de falta, en su caso, según se establece en las correspondientes normativas sobre régimen disciplinario de los funcionarios públicos o del personal estatutario al servicio de las Administraciones públicas.

Órganos de representación de los trabajadores

La LPRL establece la obligatoriedad de que los trabajadores puedan designar representantes para la seguridad y salud en el trabajo, en función del tamaño de la empresa, los trabajadores pueden contar con:

- *Delegados de prevención* en empresas con menos de cincuenta trabajadores.

- *Comités de seguridad y salud* en empresas con cincuenta o más trabajadores.

Los delegados de prevención son los representantes de los trabajadores en materia de prevención de riesgos laborales. Tienen la responsabilidad de supervisar y colaborar en la correcta aplicación de las medidas preventivas, así como de actuar en caso de detectarse situaciones de riesgo o incumplimientos en materias de prevención de riesgos laborales.

Por otro lado, los comités de seguridad y salud se conforman en empresas en las que hay cincuenta o más trabajadores. Estos comités están formados por representantes de los trabajadores y por representantes de la empresa. Como en el caso anterior, tienen la función principal de controlar vigilar y fomentar la prevención de riesgos laborales.

Autoridad laboral y control

La Inspección de Trabajo y Seguridad Social (ITSS) es el principal órgano de control sobre el cumplimiento de la normativa en materia de prevención de riesgos laborales. Se detallarán sus funciones más adelante.

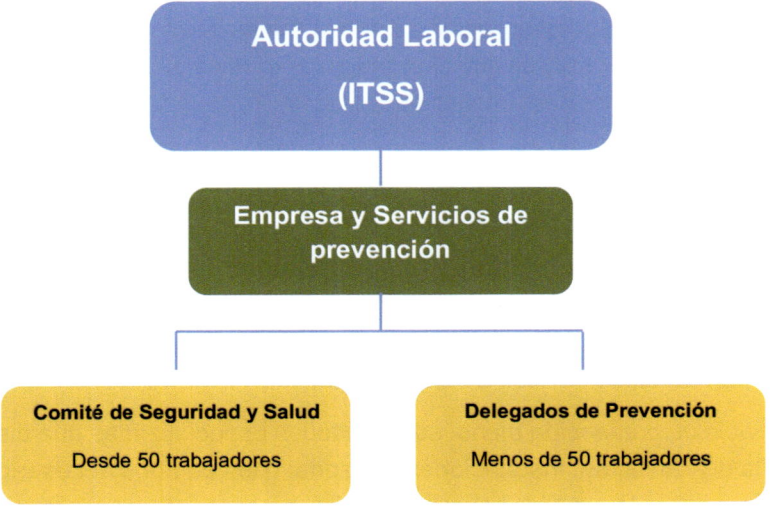

Figura 1.17. Órganos de control y representación en PRL.

1.5.2. El reglamento de los servicios de prevención

El Real Decreto 39/1997, de 17 de enero, establece el Reglamento de los Servicios de Prevención. Este es el marco normativo que regula las condiciones y requisitos mínimos para la organización funcionamiento y responsabilidades de los servicios de prevención. El objetivo es garantizar la seguridad y salud en el trabajo.

Objetivo y ámbito de aplicación

El principal objetivo del Real Decreto 39/1997 es establecer los criterios para la creación de los servicios de prevención determinando las condiciones para la correcta identificación evaluación y control de los riesgos laborales, así como la promoción de la salud en el trabajo.

Modalidades

La organización de los servicios de prevención puede constituirse siguiendo alguna de las siguientes modalidades:

- *Asunción personal por el empresario de la actividad preventiva*: en empresas de hasta diez trabajadores o hasta 25 si solo disponen de un centro de trabajo, siempre y cuando las actividades desarrolladas en la empresa no deban de estar incluidas en el anexo del Real Decreto 39/1997 (entre estas actividades encontramos trabajos con exposición a radiaciones ionizantes, trabajos con productos químicos de alto riesgo, trabajos en obras de construcción, excavación, movimientos de tierra, etcétera).

- *Designando a uno o varios trabajadores*: estos trabajadores deben tener la capacidad correspondiente para desempeñar dichas funciones y el empresario debe poner a su disposición todos los medios y el tiempo necesarios para desarrollar correctamente su actividad.

- *Servicio de prevención propio*: en aquellas empresas que cuenten con más de 500 trabajadores o que, teniendo entre 200 y 500 trabajadores, desarrollen alguna de las actividades que están incluidas en el anexo I anteriormente comentado. Este servicio consiste en una unidad organizativa específica y sus integrantes deben tener una cualificación que les permita ejercer funciones de nivel superior. Estos expertos se dedicarán de forma exclusiva a esta actividad en la empresa.

- *Servicio de prevención ajeno*: son entidades especializadas que disponen de la organización, instalaciones, personal y los equipos necesarios para desempeñar la actividad preventiva. Se recurre a ellas cuando no se ha asumido la actividad preventiva con ninguna de las condiciones anteriormente mencionadas.

Independientemente de cómo se haya organizado el recurso preventivo, este debe ser suficiente y adecuado a las actividades preventivas que se deben desarrollar. Para el desarrollo de la actividad preventiva, el reglamento establece tres niveles de funciones preventivas (básico, intermedio y superior) y la formación exigible en cada uno de estos casos. Además, estos servicios deben contar con independencia funcional garantizando que las decisiones sobre seguridad y salud laboral no estén influenciadas por otros intereses.

Por otro lado, el Real Decreto 39/1997 también indica la importancia de la participación de los trabajadores en la gestión de la seguridad y salud en el trabajo. De este modo, los representantes de los trabajadores deben tener acceso a la información sobre los riesgos y las medidas preventivas y deben ser consultados en la toma de decisiones.

REAL DECRETO 39/1997

OBJETIVO Y ÁMBITO DE APLICACIÓN
Determinar criterios para la implememntaciónde las actividades preventivas.

MODALIDADES
- Asunción propia del empresario.
- Trabajador/es designado/s.
- Servicio de prevención propio.
- Servicio de prevención ajeno.

FUNCIONES PRINCIPALES
- Identificación y evaluación de los riesgos.
- Planificación de la actividad preventiva.
- Formación e información.

CONDICIONES DE EFICACIA
- Los servicios de prevención deben tener independencia y recursos suficientes.

RELACIÓN CON LOS TRABAJADORES
- Los representantes de los trabajadores deben ser informados y tienen derecho a ser consultados.

Figura 1.18. El Reglamento de los Servicios de Prevención.

1.5.3. Alcance y funcionamientos jurídicos

La Ley de Prevención de Riesgos Laborales encuentra su fundamento en el artículo 42 de la Constitución española, que encomienda a los poderes públicos velar por la seguridad e higiene en el trabajo. Este mandato se ve reforzado con la pertenencia de España a la Unión Europea, lo que obliga a armonizar la normativa nacional con la comunitaria en materia de seguridad y salud laboral. La Directiva 89/391/CEE constituye el marco jurídico europeo básico transpuesto por esta ley, junto con otras directivas específicas sobre maternidad, trabajo juvenil y empleo temporal.

Además, la ley incorpora los compromisos internacionales asumidos por España al ratificar el Convenio 155 de la OIT (Organización Internacional del Trabajo), integrando a sus disposiciones sobre seguridad, salud y medio ambiente de trabajo en el ordenamiento jurídico con rango legal.

La necesidad de la Ley de Prevención de Riesgos Laborales no solo responde al mandato constitucional y compromisos internacionales, sino también a razones internas: superar la dispersión normativa existente y actualizar regulaciones obsoletas frente a las nuevas realidades laborales. Su objetivo es establecer un marco básico de garantías y responsabilidades para una adecuada protección de la salud de los trabajadores en el marco de una política coherente, coordinada y eficaz.

La ley actúa como referencia legal mínima en prevención de riesgos laborales, sirviendo de base tanto para el desarrollo reglamentario técnico como para la negociación colectiva. En este sentido, se integra dentro de la legislación laboral según el artículo 149.1.7.ª de la Constitución.

Es destacable que una de las principales novedades de la ley es su aplicación al ámbito de las Administraciones públicas, considerándose también norma básica del régimen estatutario de los funcionarios, según el artículo 149.1.18.ª de la Constitución. Su vocación de universalidad permite abordar de forma global los riesgos laborales, sea cual sea el entorno de trabajo. Su aplicación se extiende a trabajadores por cuenta ajena, empleados públicos y socios de cooperativas, con adaptaciones específicas para ciertos sectores como Policía, Fuerzas Armadas, Protección Civil o centros penitenciarios.

En definitiva, la ley busca fomentar una auténtica cultura preventiva que trascienda el mero cumplimento formal de un conjunto de deberes y obligaciones empresariales, promoviendo la educación en prevención desde todos los niveles.

1.5.4. Directivas sobre seguridad y salud en el trabajo

La LPRL deriva de la transposición al derecho español de las siguientes directivas europeas:

- *Directiva Marco 89/391/CEE*, del Consejo, de 12 de junio de 1989, relativa a la aplicación de medidas para promover la mejora de la seguridad y salud de los trabajadores en el trabajo.

- *Directiva 91/383/CEE,* del Consejo, de 25 de junio de 1995, que amplía las medidas mínimas de seguridad y salud en el trabajo a los trabajadores con contrato de duración determinada o temporal.

- *Directiva 92/85/CEE,* del Consejo, de 19 de octubre de 1992, relativa a la mejora de la seguridad y salud en el trabajo de las trabajadoras embarazadas.

Figura 1.19. Marco jurídico europeo.

Como se señaló anteriormente, la incorporación de España a la Unión Europea implica la necesidad de aplicar sus políticas, entre las cuales destaca la política social. Dentro de estas incluye la de seguridad y salud en el trabajo, cuyo objetivo es establecer niveles mínimos de protección comunes para todos los trabajadores europeos, promoviendo la mejora del entorno laboral y la armonización progresiva entre Estados. El artículo 118 A del Tratado Constitutivo de la Comunidad Europea establece que los Estados miembros promoverán la mejora del medio de trabajo para proteger la seguridad y salud de los trabajadores, fijándose como meta una armonización que avance con el progreso.

Para lograrlo, la Unión Europea recurre principalmente a las directivas, normas jurídicas vinculantes para los Estados miembros. Estos deben alcanzar los objetivos marcados, pero pueden elegir los medios para hacerlo. La transposición de una directiva permite adaptar su contenido al marco legal nacional, ajustándose a las particularidades de cada país.

1.6. Organismos públicos relacionados con la seguridad y salud en el trabajo

1.6.1. Organismos nacionales

Instituto Nacional de Seguridad y Salud en el Trabajo

Se trata de un organismo especializado de carácter científico-técnico integrado en la Administración General del Estado, cuya función principal es el análisis, estudio y promoción de la mejora de las condiciones de seguridad y salud en el trabajo. Su labor se orienta a proporcionar conocimientos técnicos actualizados como fomentar buenas prácticas preventivas y apoyar la implementación de políticas eficaces en esta materia.

Para cumplir sus objetivos, mantiene una estrecha colaboración con los órganos competentes de las comunidades autónomas, favoreciendo la coordinación institucional. Asimismo, ofrece un servicio gratuito de consulta dirigido a particulares, donde se resuelven dudas relacionadas con la seguridad laboral. Además, asesora a otros organismos de la Administración en cuestiones técnicas vinculadas a la prevención de riesgos laborales, actuando como referente en el ámbito nacional.

Observatorio Estatal de Condiciones de Trabajo

El Observatorio Estatal de Condiciones de Trabajo, dependiente del INSST, recopila, analiza y difunde información sobre las condiciones laborales y su impacto en la salud de los trabajadores, publica análisis periódicos sobre sin estabilidad laboral, ofrece indicadores de salud laboral y evalúa la prevención en las empresas.

Organismo Estatal de Inspección de Trabajo y Seguridad Social

Sus principales funciones son:

- Supervisión del cumplimiento legal.

- Emitir advertencias y recomendaciones a las empresas en caso de detectar irregularidades menores o subsanables.

- Requerir a las empresas la corrección de deficiencias detectadas fijando plazos concretos para su cumplimiento.

- Ordenar la paralización inmediata de una actividad en situaciones de riesgo grave e inminente para los trabajadores.

- Imposición de sanciones en caso de incumplimientos graves, muy graves o reiteradas, reguladas según lo establecido en la Ley sobre Infracciones y Sanciones en el Orden Social (LISOS). Estas sanciones pueden ser leves, graves o muy graves.

Fundación Estatal para la Prevención de Riesgos Laborales

La Fundación Estatal para la Prevención de Riesgos Laborales, creada por mandato legal y bajo el Ministerio de Trabajo y Economía Social, tiene como objetivo mejorar la seguridad y salud en el trabajo, especialmente en pymes. Promueve acciones gratuitas de información, asistencia técnica, formación y apoyo al cumplimiento normativo. Estas se dirigen a trabajadores y empresas, con especial atención a las pequeñas, fomentando la prevención mediante sus medios sectoriales y territoriales.

1.6.2. Organismos de carácter autonómico

La Constitución española, en su artículo 149.1.7.ª, establece que corresponde al Estado la competencia exclusiva en materia de legislación laboral, aunque permite que las comunidades autónomas asuman su ejecución. En este marco, aquellas comunidades que tienen transferidas competencias en la materia pueden ejercer la potestad sancionadora, basándose en propuestas de la Inspección de Trabajo y Seguridad Social, pero aplicando su propia normativa y procedimientos administrativos.

Además, según lo previsto en los respectivos estatutos de autonomía, las funciones y servicios que antes desempeñaban los gabinetes técnicos provinciales del Instituto Nacional de Seguridad e Higiene en el Trabajo (INSHT), ahora Instituto Nacional de Seguridad y Salud en el Trabajo (INSST), han sido transferidos a las comunidades autónomas. Estos gabinetes, integrados ahora en las estructuras autonómicas, ejercen funciones técnicas esenciales como el asesoramiento especializado, el desarrollo de estudios en materia preventiva, la formación y la investigación de accidentes laborales.

Aunque ya no dependen directamente del INSST, estas unidades técnicas continúan colaborando con el organismo estatal, que mantiene una red de centros nacionales de referencia en distintos puntos del país (Madrid, Sevilla,

Barcelona y Vizcaya). Las delegaciones provinciales y órganos autonómicos con competencias en prevención de riesgos laborales adoptan distintas denominaciones, pero comparten una visión común: apoyar a empresas y trabajadores en la mejora de las condiciones de trabajo. Su labor, junto con la de la Inspección de Trabajo, representa el vínculo más cercano entre la Administración y el entorno laboral en materia de seguridad y salud.

Test de evaluación

Este cuestionario tiene como objetivo reforzar los conceptos clave tratados en la **Unidad 1. Conceptos básicos sobre seguridad y salud en el trabajo.** A través de preguntas de opción múltiple, podrás comprobar tu comprensión sobre los aspectos esenciales de la prevención de riesgos laborales, la relación entre trabajo y salud, los factores de riesgo y el marco normativo básico.

Cada pregunta presenta tres posibles respuestas, de las cuales solo una es correcta. Te recomendamos que leas detenidamente cada enunciado y marques la opción que consideres adecuada antes de consultar las soluciones.

1.1. Según la OMS (1948), la salud se define como:

   a) La ausencia de enfermedad.

   b) Un estado de completo bienestar físico, mental y social.

   c) La capacidad de trabajar sin lesiones.

1.2. ¿Qué organismo español tiene carácter científico-técnico y asesora en materia de prevención?

   a) Inspección de Trabajo y Seguridad Social.

   b) Instituto Nacional de Seguridad y Salud en el Trabajo (INSST).

   c) Instituto de Seguridad y Economía Empresarial.

1.3. ¿Cuál de los siguientes NO es un factor de riesgo técnico?

   a) Riesgos físicos.

   b) Riesgos químicos.

   c) Actos inseguros.

1.4. La probabilidad «media» en la evaluación de riesgos indica que:

   a) El daño ocurrirá siempre o casi siempre.

   b) El daño ocurrirá en algunas ocasiones.

   c) El daño ocurrirá raras veces.

1.5. Según la tabla de niveles de riesgo, una combinación de probabilidad alta y consecuencias «extremadamente dañinas» se clasifica como:

a) Moderado.

b) Importante.

c) Intolerable.

1.6. ¿Qué modalidad de organización preventiva puede asumir directamente el empresario?

a) Asunción personal de la actividad preventiva, en empresas pequeñas y con actividades no peligrosas.

b) Servicio de prevención propio.

c) Servicio de prevención ajeno en todos los casos.

1.7. La Ley 31/1995 de Prevención de Riesgos Laborales es:

a) Una normativa europea directamente aplicable.

b) El marco legal básico en España en materia de PRL.

c) Una directriz voluntaria sin carácter obligatorio.

1.8. Los riesgos psicosociales se relacionan principalmente con:

a) Exposición a ruidos, vibraciones y temperaturas extremas.

b) Factores biológicos presentes en el ambiente laboral.

c) Organización del trabajo y relaciones interpersonales.

1.9. ¿Cuál de los siguientes NO es un derecho de los trabajadores según la LPRL?

a) Recibir formación preventiva.

b) Interrumpir su actividad en caso de riesgo grave.

c) Designar a los técnicos del servicio de prevención ajeno.

1.10. Un accidente *in itinere* es:

a) Un accidente que ocurre dentro del centro de trabajo.

b) El que ocurre en el trayecto habitual entre el domicilio y el lugar de trabajo.

c) Una enfermedad profesional reconocida en el RD 1299/2006.

2. Riesgos generales y su prevención

Introducción

En cualquier lugar de trabajo existen riesgos que, si no se controlan, pueden afectar al bienestar de las personas. Este capítulo se centra en reconocer esos peligros, entender sus causas y valorar las medidas adecuadas para prevenirlos.

Tomando como base los conceptos presentados en el primer capítulo, se ofrece una guía clara y accesible que combina normativa general con orientaciones prácticas, para ayudar a crear entornos laborales más seguros y saludables.

Contenido

A lo largo de este capítulo se abordan los principales riesgos generales presentes en los lugares de trabajo, con especial atención a sus causas, consecuencias y medidas preventivas. El objetivo es proporcionar una visión práctica y fundamentada de los distintos factores de riesgo, así como de las estrategias para su control.

La definición de riesgo laboral y los conceptos jurídicos fundamentales relacionados con la seguridad y salud en el trabajo han sido tratados previamente en el Capítulo 1. Por tanto, en esta sección se parte de ese marco conceptual ya establecido.

En cuanto al enfoque normativo, cabe recordar que existe un conjunto de disposiciones generales, como la Ley 31/1995, de Prevención de Riesgos Laborales (LPRL), y el Real Decreto 39/ 1997, por el que se aprueba el Reglamento de los Servicios de Prevención, que resultan de aplicación a todos los contenidos del presente capítulo. No obstante, cuando sea pertinente, se hará referencia tanto a dicha normativa general como a otras normas o guías técnicas más específicas, relacionadas directamente con el tipo de riesgo tratado en cada epígrafe.

2.1. Riesgos en el manejo de herramientas y equipos

El uso de herramientas y equipos de trabajo, tanto manuales como motorizados, es habitual en múltiples sectores, sin embargo, su manejo inadecuado o el uso de equipos en mal estado puede provocar accidentes graves.

La evaluación y prevención de estos riesgos forman parte de la disciplina de la *seguridad en el trabajo,* la cual estudia los factores técnicos, organizativos y humanos que pueden dar lugar a accidentes. Entre los accidentes más frecuentes derivados del manejo de herramientas y equipos se encuentran: cortes, atrapamientos, golpes, proyecciones, contactos eléctricos y sobreesfuerzos.

Figura 2.1. Manejo de herramientas de soldadura.

Figura 2.2. Equipos de protección individual.

La normativa española regula los requisitos mínimos que deben cumplir los equipos y herramientas para ser considerados seguros:

- Real Decreto 1215/1997, de 18 de julio, por el que se establecen las disposiciones mínimas de seguridad y salud para la utilización por los trabajadores de los equipos de trabajo.

- Real Decreto 1644/2008, de 10 de octubre, que regula la comercialización y puesta en servicio de maquinaria, en cumplimiento de la directiva de máquinas.

- Real Decreto 773/1997, relativo al uso de equipos de protección individual (EPI).

- Además, el INSST ha publicado diversas guías técnicas para la aplicación del Real Decreto 1215/1997, ofreciendo criterios técnicos para la evaluación y adecuación de los equipos.

A continuación, se detallarán los principales riesgos asociados, sus causas y las medidas preventivas aplicables.

Riesgo de cortes y amputaciones

Causas: uso de herramientas con filos expuestos o sin protecciones, contacto con partes móviles de equipos en funcionamiento, falta de mantenimiento, uso inadecuado y tareas de corte sin apoyo seguro.

Medidas preventivas:

- Uso de resguardos físicos en zonas de corte o partes móviles.

- Fijación adecuada de piezas antes del corte.

- Prohibición de retirar elementos de protección mientras el equipo esté en funcionamiento.

Riesgo de golpes y atrapamientos

Causas: herramientas manuales o máquinas que se deslizan, giran o caen; espacios reducidos o sin visibilidad para maniobrar; uso inadecuado de útiles sin asegurar el entorno.

Medidas preventivas:

- Formación sobre técnicas seguras de uso.

- Diseño de espacios de trabajo libres de obstáculos.

- Señalización de zonas de riesgo de atrapamiento o golpe.

Riesgo de proyecciones

Causas: fragmentación de herramientas deterioradas (como discos o brocas); expulsión de partículas, virutas o materiales durante el trabajo; sujeción inadecuada de piezas móviles.

Medidas preventivas:

- Comprobación periódica del estado de herramientas y elementos de sujeción.
- Uso de pantallas protectoras o visores.
- Instalación de barreras o cortinas de contención.

Riesgo eléctrico

Causas: aislamiento defectuoso, conexiones inadecuadas, manipulación sin desconexión previa.

Medidas preventivas:

- Desconexión del equipo antes de realizar cualquier intervención.
- Uso de diferenciales y dispositivos de protección.
- Identificación y señalización clara de las zonas con tensión eléctrica.

Riesgo por vibraciones o ruido

Causas: uso intensivo de herramientas vibrátiles (martillos neumáticos, esmeriles…); equipos mal equilibrados, exposición prolongada sin pausas ni rotación de tareas.

Medidas preventivas:

- Sustitución o reparación de herramientas con vibración excesiva.
- Preferencia por herramientas de bajo nivel de emisión.
- Planificación del trabajo para limitar los tiempos de exposición.

Sobreesfuerzos

Causas: manipulación manual de herramientas pesadas o mal equilibradas, posturas forzadas por diseño inadecuado del puesto de trabajo, uso de herramientas que requieren esfuerzos repetitivos o intensos.

Medidas preventivas:

- Selección de herramientas ergonómicas con mangos antideslizantes.
- Adaptación de la altura y posición del área de trabajo.
- Formación sobre técnicas de manejo seguro y pausas activas.

Tabla 2.1. Principales riesgos en el uso de herramientas y equipos.

PRINCIPALES RIESGOS EN EL USO DE HERRAMIENTAS Y EQUIPOS	
Tipo de riesgo	Ejemplos comunes
Cortes y amputaciones	Herramientas con filos (radiales, sierras, cuchillas).
Golpes o atrapamientos	Herramientas manuales o maquinaria en movimiento.
Proyecciones	Fragmentos, virutas o piezas durante el uso de herramientas.
Contactos eléctricos	Equipos conectados a red sin aislamiento o con mantenimiento deficiente.
Ruido y vibraciones	Herramientas eléctricas, portátiles y maquinaria industrial.
Sobreesfuerzos	Mal uso o esfuerzo excesivo al manipular herramientas pesadas o mal diseñadas.

Medidas preventivas

Además de las acciones específicas para cada riesgo, se deben aplicar medidas generales de prevención en el uso de herramientas y equipos:

- *Selección adecuada de herramientas y equipos*:
  — Herramientas apropiadas al tipo de trabajo, en función del material, la precisión requerida, el entorno y el esfuerzo físico asociado.
  — Preferencia por modelos ergonómicos, con mangos antideslizantes, peso equilibrado y bajo nivel de vibración.
- *Mantenimiento y conservación*:
  — Revisión periódica del estado general de las herramientas.
  — Sustitución inmediata ante signos de desgaste, fisuras o mal funcionamiento.
- *Formación y capacitación*:
  — Formación teórico-práctica sobre los riesgos y el uso correcto de cada tipo de herramienta o equipo.
- *Evaluación de riesgos*:
  — Identificación de peligros específicos en cada puesto o tarea.
  — Implantación de medidas técnicas organizativas y de protección acordes con los resultados de la evaluación.
- *Equipos de protección individual (EPI)*:
  — Uso obligatorio de EPI adecuados al tipo de herramienta: guantes mecánicos, gafas de protección frente a partículas, calzado con puntera reforzada y protección auditiva, entre otros.

2.2 Riesgos en la manipulación de sistemas e instalaciones

La manipulación de sistemas e instalaciones en entornos laborales supone una actividad crítica desde el punto de vista preventivo, ya que implica el uso de energía eléctrica, gases, fluidos, presión, calor o elementos mecánicos. Un fallo en el control de estas instalaciones puede desencadenar accidentes graves, por lo que es esencial identificar los riesgos y aplicar medidas preventivas adecuadas.

Figura 2.3. Manipulación de sistemas e instalaciones.

La normativa española establece un conjunto de disposiciones específicas orientadas a garantizar la seguridad en la operación de estos sistemas. También disponemos de guías técnicas del Instituto Nacional de Seguridad y Salud en el Trabajo (INSST) que facilitan su interpretación y aplicación práctica.

A continuación, se presenta una tabla resumen con la normativa de aplicación centrada en los aspectos específicos de la manipulación de instalaciones y sistemas.

Tabla 2.2. Normativa en PRL relacionada con la manipulación de sistemas e instalaciones.

NORMATIVA APLICABLE A LA MANIPULACIÓN DE SISTEMAS E INSTALACIONES	
Ámbito o tipo de instalación	Normativa aplicable
Instalaciones eléctricas	Real Decreto 614/2001, sobre protección al riesgo eléctrico.
Instalaciones en atmósferas explosivas	Real Decreto 681/2003, sobre los riesgos por atmósferas explosivas.
Equipos a presión	Real Decreto 809/2001, sobre agentes químicos peligrosos.
Intervención en obras o instalaciones temporales	Real Decreto 1627/1997, sobre seguridad en obras de construcción (si procede).
Uso de maquinaria y equipos de trabajo	Real Decreto 1215/1997, sobre utilización de equipos de trabajo.

Riesgo eléctrico

Causas: contacto directo o indirecto con elementos bajo tensión, instalaciones deterioradas, conexiones improvisadas.

Medidas preventivas:

- Aislamiento, señalización y puesta a tierra de las instalaciones.
- Verificación y mantenimiento periódico por personal autorizado.
- Aplicación del Real Decreto 614/2001, sobre disposiciones mínimas para la protección frente al riesgo eléctrico.

Riesgo de incendio o explosión

Causas: manipulación de gases inflamables, acumulación de vapores, fallos en válvulas o depósitos.

Medidas preventivas:

- Instalaciones certificadas y revisadas regularmente.
- Almacenamiento seguro de productos inflamables.
- Control de fuentes de ignición y ventilación adecuada.

Riesgo por sobrepresión o fallo mecánico

Causas: fallos estructurales en tuberías o recipientes, sobrecarga de presión, mantenimiento inadecuado.

Medidas preventivas:

- Mantenimiento según Real Decreto 2060/ 2008, sobre equipos a presión.
- Instalación de válvulas de seguridad y sistemas de alivio de presión.
- Formación específica del personal que opera estos sistemas.

Riesgo por atmósferas peligrosas

Causas: liberación de sustancias tóxicas, desplazamiento de oxígeno, atmósferas explosivas.

Medidas preventivas:

- Detección continúa de gases y atmósferas explosivas.
- Procedimientos de ventilación y purga de líneas.
- Equipos de protección respiratoria y protocolos de rescate.

Riesgo ergonómico y físico

Causas: posiciones forzadas, manipulación manual de cargas, trabajo en zonas con acceso limitado.

Medidas preventivas:

- Diseño ergonómico de accesos y espacios de trabajo.

- Ayudas mecánicas para el transporte de equipos.

- Pausas y rotación de tareas.

2.3. Riesgos en el almacenamiento y transporte de cargas

Las operaciones de almacenamiento y transporte de cargas representan una fuente importante de riesgos laborales, especialmente por la posibilidad de atrapamientos, golpes, caída de objetos, sobreesfuerzos o incluso exposición a productos peligrosos mal almacenados. Estas actividades pueden realizarse mediante medios manuales o mecánicos (como carretillas elevadoras, puente grúa o cintas transportadoras) y, al desarrollarse en condiciones dinámicas, requieren una planificación adecuada, orden y medidas de control eficaces.

Figura 2.4. Riesgos en el almacenamiento y el transporte de cargas.

Desde el punto de vista normativo, el Real Decreto 486/1997, por el que se establecen las disposiciones mínimas de seguridad y salud de los lugares de trabajo, establece los criterios específicos sobre la organización de espacios de almacenamiento, señalización, distribución de cargas y accesibilidad. Las guías técnicas del INSST sobre este real decreto ofrecen criterios prácticos para su aplicación, incluyendo aspectos clave como la disposición de estanterías, anchura de pasillos, iluminación, ventilación o señalización en zonas de tránsito y carga.

En cuanto a la manipulación manual de cargas, el Real Decreto 487/1997 establece medidas concretas para reducir el riesgo de lesiones musculoesqueléticas, en especial, por sobreesfuerzos o posturas forzadas, incluyendo la evaluación de riesgos según el peso, la postura, el recorrido y las condiciones del entorno. Para el transporte mediante equipos móviles o mecanizados, como ocurre con carretillas o sistemas de elevación, resulta aplicable el ya mencionado Real Decreto 1215/1997, que regula las condiciones de seguridad en la utilización de equipos de trabajo. En ambos casos, el INSST proporciona documentación y notas técnicas de prevención (NTP) con orientaciones detalladas para la correcta implementación de las medidas preventivas.

A continuación, se detallan los riesgos más relevantes en trabajos de almacenamiento y transporte de cargas, así como sus principales causas y medidas preventivas.

Riesgo de caída de cargas

Causas: apilamiento inestable, uso inadecuado de estanterías, sobrecarga de las estructuras, manipulación incorrecta de cargas elevadas.

Medidas preventivas:

- Asegurar una correcta distribución y estabilidad de las cargas almacenadas.
- Uso de estanterías y estructuras certificadas, con revisiones periódicas.
- Señalización de zonas de almacenamiento y establecimiento de límites de carga.
- Formación sobre técnicas seguras de apilamiento.

Riesgo de atrapamiento o golpe por desplazamiento de cargas

Causas: tránsito de cargas sin señalización, uso inadecuado de carretillas o medios de transporte, desplazamientos sin control en pendientes.

Medidas preventivas:

- Uso de medios mecánicos adecuados (transpalés, carretillas elevadoras, grúas, etcétera).
- Formación específica del personal en el manejo de equipos de transporte.
- Zonas delimitadas para circulación o transporte de cargas y peatones con señalización clara.
- Supervisión y control de pendientes o superficies irregulares.

Riesgo ergonómico

Causas: levantamiento manual de cargas pesadas o posturas forzadas, movimientos repetitivos durante la manipulación o el almacenamiento.

Medidas preventivas:

- Verificación de la capacidad portante de estanterías y suelos.

- Mantenimiento periódico de estructuras de almacenamiento.

- Aplicación de normas técnicas UNE y reglamentos de seguridad estructural.

- Supervisión de cargas máximas y uso de dispositivos de retención o fijación.

Riesgo por condiciones ambientales

Causas: humedad, temperaturas extremas, iluminación insuficiente, suelos resbaladizos.

Medidas preventivas:

- Control de las condiciones ambientales en zonas de almacenamiento (temperatura ventilación, iluminación).

- Mantenimiento de superficies de tránsito en condiciones seguras (antideslizantes, sin obstáculos).

- Señalización de riesgos ambientales y uso de EPI adecuados (calzado antideslizante, ropa de trabajo adecuada).

Riesgo de atropellos y vuelcos de equipos de transporte

Causas: uso de carretillas o vehículos de transporte en espacios reducidos o sin separación de zonas peatonales, exceso de velocidad, maniobras en superficies irregulares, carga mal distribuida o exceso de carga, falta de formación en conducción o mantenimiento deficiente del equipo.

Medidas preventivas:

- Delimitación clara de zonas de tránsito de vehículos y peatones, mediante señalización visible y barreras físicas si es necesario.

- Establecimiento de normas de circulación internas, incluyendo límites de velocidad, prioridad de paso y sentido único en pasillos estrechos.

- Formación específica y obligatoria para el personal conductor de equipos móviles.

- Mantenimiento periódico de los equipos de transporte, especialmente frenos, dirección, neumáticos y sistemas de carga.

- Evaluación de la estabilidad de las cargas y adaptación de la conducción a las condiciones del entorno (pendientes, firme, iluminación, etcétera).
- Prohibición del transporte de personas en equipos no autorizados para ello.

2.4. Riesgos asociados al medio de trabajo

El medio de trabajo está compuesto por el conjunto de condiciones físicas, químicas, biológicas y organizativas que rodean al trabajador durante la realización de sus tareas. Cuando estas condiciones no se controlan adecuadamente, pueden convertirse en factores de riesgo que afectan gravemente a la salud o la seguridad. Entre los riesgos más significativos se encuentran la exposición a agentes peligrosos y el riesgo de incendio o explosión.

La legislación española contempla de forma específica estos riesgos mediante una serie de reales decretos que establecen las disposiciones mínimas para su evaluación control y prevención. Además, el Instituto Nacional de Seguridad y Salud en el Trabajo dispone de guías técnicas que apoya la correcta aplicación de dicha normativa en los centros de trabajo. A continuación, se presenta una tabla resumen con los principales reales decretos aplicables según el tipo de riesgo, así como los reales decretos de aplicación más general:

Tabla 2.3. Normativa en PRL relacionada con el medio de trabajo.

NORMATIVA APLICABLE A LOS RIESGOS ASOCIADOS AL MEDIO DE TRABAJO		
Tipo de riesgo	Real Decreto	Contenido regulado
Químicos	RD 374/2001, de 6 de abril	Riesgo por agentes químicos.
	RD 665/1997, de 12 de mayo	Agentes cancerígenos o mutágenos.
Físicos- Ruido	RD 286/2006, de 10 de marzo	Exposición al ruido en el trabajo.
Físicos- Vibraciones	RD 1311/2005, de 4 de noviembre	Exposición vibraciones mecánicas.
Físicos- Radiaciones	RD 783/2001, de 6 de julio	Radiaciones ionizantes.
	RD 1029/2022, de 20 de diciembre	Campos electromagnéticos.
Biológicos	RD 664/1997, de 12 de mayo	Riesgos biológicos en el trabajo.
Fuego	RD 226/2004, de 3 de diciembre	Seguridad contra incendios en la industria.
	RD 681/2003, de 12 de junio	Protección frente a atmósferas explosivas.

NORMATIVA APLICABLE A LOS RIESGOS ASOCIADOS AL MEDIO DE TRABAJO		
	RD 513/2017, de 22 de mayo	Reglamento de instalaciones de protección contra incendios (RIPCI).
Generales del entorno	RD 486/1997, de 14 de abril	Lugares de trabajo (condiciones generales de seguridad y salud).
	RD 773/1997, de 30 de mayo	Uso de equipos de protección individual (EPI).
	RD 171/2004, de 30 de enero	Coordinación de actividades empresariales.
	RD 485/1997, de 14 de abril	Señalización de seguridad.

2.4.1. Exposición a agentes físicos, químicos o biológicos

En los entornos laborales, los trabajadores pueden estar expuestos a una variedad de agentes que, dependiendo de su naturaleza y concentración, suponen un riesgo para su salud. Estos agentes se clasifican generalmente en tres grandes grupos: químicos, físicos y biológicos, cada uno con características y mecanismos de acción distintos.

Estos riesgos son objeto de estudio de la higiene industrial, una disciplina preventiva que se encarga de identificar, evaluar y controlar aquellos factores del ambiente laboral que pueden afectar la salud del trabajador. Su objetivo es anticipar posibles daños antes de que se materialicen, mediante la aplicación de técnicas de medición, análisis y control ambiental.

Figura 2.5. Señales: riesgos químicos, físicos y biológicos.

La identificación y evaluación de estos riesgos no solo requiere conocimiento técnico, sino también el cumplimiento de la normativa vigente, que establece los valores límites de exposición, criterios de vigilancia de la salud y medidas de prevención colectiva e individual.

En los siguientes apartados, se abordará con mayor detalle cada tipo de agente, sus principales fuentes de exposición, los efectos que pueden generar en el organismo y las estrategias de prevención recomendadas en el marco legal español.

Agentes químicos

Los contaminantes químicos son sustancias que, al entrar en contacto con el organismo, pueden alterar su funcionamiento. Se presentan en forma de gases, vapores, líquidos, sólidos o aerosoles.

Principales riesgos

- *Asfixia*: desplazamiento del oxígeno por gases inertes (ej.: nitrógeno, dióxido de carbono).

- *Irritación o corrosión*: daños en piel, ojos o mucosas (ej.: ácidos, disolventes).

- *Intoxicación sistémica*: aceptación de órganos como hígado, riñones o sistema nervioso (ej.: plomo, benceno).

- Sensibilización o alergias: reacciones inmunológicas (ej.: isocianatos, látex).

- Efectos cancerígenos, mutágenos y teratógenos: aparición de cáncer, daños genéticos o al feto (ej.: amianto, compuestos de cromo, formaldehído).

Causas

- Emisión de vapores, gases, humos o polvos durante procesos industriales.

- Almacenamiento y manejo no adecuado de sustancias peligrosas.

- Manipulación sin equipos de protección adecuados.

- Mala ventilación en espacios cerrados.

Medidas preventivas

- Sustitución de sustancias peligrosas por otras menos nocivas (prevención en origen).

- Instalación de sistemas de extracción localizada o ventilación general.

- Uso de equipos de protección individual (EPI) como mascarillas con filtros adecuados.

- Formación específica sobre el etiquetado, fichas de seguridad y procedimientos de emergencia.

Agentes físicos

Los contaminantes físicos son agentes energéticos presentes en el medio laboral que pueden producir daños por exposición prolongada o intensa.

Principales riesgos

- Ruido: pérdida auditiva, estrés, alteraciones del sueño y cardiovasculares.
- Vibraciones:
    1. Mano-brazo: síndrome del túnel carpiano, trastornos vasculares.
    2. Cuerpo entero: lesiones lumbares, trastornos digestivos.
- Radiaciones:
    1. Ionizantes (ej.: rayos X): riesgo cancerígeno, daños celulares.
    2. No ionizantes (ej.: ultravioleta, infrarrojos, microondas).
- Temperaturas extremas:
    1. Frío: congelaciones, hipotermia.
    2. Calor: golpes de calor, deshidratación.
- Presiones anormales: barotrauma (en aviación, buceo, etcétera).

Causas

- Maquinaria ruidosa sin aislamiento acústico.
- Exposición prolongada al sol o fuentes térmicas sin protección.
- Falta de control en la iluminación o en la radiación emitida por equipos.
- Uso continuo de herramientas que generan vibraciones.

Medidas preventivas

- Encapsulamiento o mantenimiento de equipos ruidosos.
- Planificación de pausas y rotaciones en ambientes con calor o frío extremos.
- Pantallas protectoras contra radiaciones y control de la iluminación natural y artificial.
- Control de vibraciones mediante sistemas antivibratorios y limitación de tiempo de exposición.

Agentes biológicos

Los contaminantes biológicos son microorganismos vivos (o sus toxinas) capaces de causar infecciones o enfermedades al entrar en contacto con el ser humano.

Principales riesgos

- *Infecciones*: provocadas por bacterias, virus, hongos o parásitos (ej.: hepatitis, tuberculosis, legionelosis).

- *Alergias*: sensibilización alérgica por exposición repetida (ej.: moho, esporas, proteínas animales).

- *Enfermedades parasitarias*: por contacto con vectores o fluidos biológicos (ej.: toxoplasmosis, teniasis).

- *Riesgos zoonóticos*: transmisión de enfermedades de animales a humanos (ej.: brucelosis, leptospirosis).

Causas principales

- Contacto con residuos biológicos o material contaminado.

- Inadecuada desinfección o higiene del entorno.

- Picaduras, cortes o lesiones que facilitan la entrada de microorganismos.

- Ambientes con humedad y ventilación deficiente, propicios para hongos o bacterias.

Medidas preventivas

- Protocolos de limpieza, desinfección y manipulación segura. Sistemas de ventilación control de la humedad.

- Inmunización en los casos en que sea posible como hepatitis B.

- Uso de guantes, mascarillas, gafas y ropa de protección biológica.

2.4.2. El fuego

El fuego constituye uno de los riesgos más graves en el entorno laboral, ya que puede desencadenar situaciones catastróficas con consecuencias letales, lesiones graves, pérdidas materiales y daños al medio ambiente. Su origen puede estar vinculado a fallos técnicos, errores humanos o condiciones inseguras del entorno, lo que hace indispensable su prevención desde una perspectiva integral.

El estudio y prevención del riesgo de incendio forma parte de disciplinas como la seguridad en el trabajo y la protección contra incendios, que se encargan de analizar las condiciones que favorecen la aparición del fuego, su propagación y los métodos más eficaces para su control. Esas disciplinas abordan tanto el diseño de instalaciones seguras como la organización de los medios de protección activa (como extintores o rociadores) y pasiva (compartimentación, materiales ignífugos, etcétera).

Figura 2.6. Incendio en el lugar de trabajo.

La prevención de riesgos laborales relacionados con el fuego se encuentra regulada por un conjunto de normas específicas que establecen los requisitos de seguridad que deben cumplir tanto las instalaciones como los procedimientos de trabajo. Estas disposiciones legales abarcan desde el diseño de los sistemas de protección contra incendios hasta la clasificación de materiales constructivos y la gestión de atmósferas explosivas.

Junto a esta normativa, el INSST proporciona guías técnicas de aplicación que sirven como herramienta de apoyo para facilitar su cumplimiento e interpretación práctica en los centros de trabajo.

A continuación, se presenta una tabla resumen con las principales referencias normativas y guías técnicas relacionadas con este tipo de riesgo:

Tabla 2.4. Normativa en PRL relacionada con el riesgo por fuego.

NORMATIVA Y GUÍAS TÉCNICAS DEL INSST APLICABLES AL RIESGO POR FUEGO	
Tipo de referencia	**Norma / Guía técnica**
Reglamento de seguridad contra incendios	RD 2267/2004, Reglamento de seguridad contra incendios en los establecimientos industriales.
Instalaciones de protección contra incendios	RD 513/2017, Reglamento de instalaciones de protección contra incendios.
Clasificación frente al fuego	RD 842/2013, sobre clasificación de productos de construcción según su comportamiento ante el fuego.
Riesgo por atmósferas explosivas	RD 681/2003, sobre protección de trabajadores frente a atmósferas explosivas.
Reglamento de explosivos	RD 130/2017, por el que se aprueba el reglamento de explosivos.
Requisitos de equipos en atmósferas explosivas	RD 144 2016, sobre requisitos de seguridad de equipos en atmósferas potencialmente explosivas.
Guías técnicas del INSST	• Guía técnica del Reglamento de seguridad contra incendios en establecimientos industriales. • Guía técnica para la evaluación de atmósferas explosivas.

Una vez identificadas las principales normas y guías técnicas aplicables, es fundamental conocer los tipos de riesgos que pueden generar el fuego en el entorno laboral, así como sus causas más frecuentes y las medidas preventivas adecuadas para su control. Estos riesgos no solo afectan a la seguridad física de los trabajadores, sino que también pueden comprometer el funcionamiento global de las instalaciones y generar importantes pérdidas humanas y materiales. A continuación, se analizan los principales riesgos asociados.

Riesgo de incendio

El incendio es la propagación no controlada del fuego a través de materiales combustibles presentes en el lugar de trabajo.

Causas más frecuentes:

• Instalaciones eléctricas defectuosas o sobrecargadas.

• Almacenamiento inadecuado de sustancias inflamables.

• Acumulación de residuos combustibles.

• Ignición por chispas, fricción o calor excesivo.

Medidas preventivas:

- Diseño, revisión y mantenimiento adecuado de las instalaciones eléctricas.
- Clasificación y almacenamiento seguro de productos inflamables.
- Eliminación regular de residuos combustibles.
- Control de fuentes de ignición (procedimientos seguros, zonas ATEX).

Riesgo de explosión

Las explosiones se producen por la rápida liberación de energía contenida en gases, vapores o polvos inflamables especialmente en espacios confinados o mal ventilados.

Causas más frecuentes:

- Presencia de atmósferas explosivas (mezclas inflamables).
- Ausencia de ventilación adecuada.
- Uso de equipos no certificados en zonas con riesgo de explosión.

Medidas preventivas:

- Evaluación de zonas ATEX conforme al Real Decreto 681/2003.
- Empleo de equipos y sistemas de protección con marcado «Ex».
- Implantación de sistemas de detección y extracción de gases o polvos.
- Formación específica del personal sobre atmósferas explosivas.

Riesgo de quemaduras

Las quemaduras pueden producirse por contacto directo con llamas, superficies sobrecalentadas, materiales incandescentes o sustancias inflamables.

Causas más frecuentes:

- Manipulación sin protección de elementos calientes.
- Fugas de líquidos inflamables.
- Fallo en el aislamiento térmico de instalaciones.

Medidas preventivas:

- Uso de equipos de protección individual resistentes al calor (guantes, ropa ignífuga).
- Señalización clara de superficies calientes.
- Aislamiento térmico de tuberías y equipos.

Riesgo por inhalación de humos y gases de combustión

Durante un incendio se generan gases tóxicos (monóxido de carbono, cianuro de hidrógeno, etc.) y partículas nocivas que comprometen la gravedad de la salud respiratoria.

Causas más frecuentes:

- Combustión de materiales plásticos, sintéticos o pinturas.

- Inadecuada ventilación o evacuación de humos.

- Ausencia de sistemas de detección y alarma.

Medidas preventivas:

- Instalación de sistemas de extracción de humos y ventilación.

- Planes de evacuación bien definidos y ensayados.

- Dotación de equipos de respiración autónoma en zonas de riesgo.

2.5. Riesgos derivados de la carga de trabajo

Los riesgos derivados de la carga de trabajo son aquellos que surgen como consecuencia de un exceso de demandas físicas como mentales o emocionales en el puesto de trabajo. Estos riesgos pueden afectar tanto a la salud física como psicológica de los trabajadores, y se dividen en 3 categorías principales: la fatiga física, la fatiga mental y la insatisfacción laboral.

Figura 2.7. Riesgos derivados de la carga de trabajo.

2.5.1. La fatiga física

La fatiga física es el agotamiento o desgaste físico del cuerpo debido a un esfuerzo excesivo y prolongado. Se produce cuando el cuerpo no tiene tiempo suficiente para recuperarse entre periodos de trabajo. Esta condición puede disminuir la capacidad del trabajador para realizar tareas de forma eficiente y segura, lo que aumenta el riesgo de accidentes y lesiones.

La fatiga física puede ser provocada por diversos factores, entre los cuales se incluyen:

- *Esfuerzos repetitivos*: la realización constante de movimientos repetitivos, como los que se encuentran en trabajos que requieren el uso continuo de las mismas partes del cuerpo (por ejemplo, en líneas de ensamblaje o trabajo con maquinaria manual, pueden generar fatiga muscular).

- *Levantamiento de cargas pesadas*: el manejo de objetos pesados sin seguir técnicas adecuadas de levantamiento puede causar una sobrecarga en los músculos y sistema musculoesquelético generando fatiga.

- *Posturas incómodas o forzadas*: mantener posturas inadecuadas durante largos periodos de tiempo, como estar sentado o de pie en posiciones no ergonómicas, puede aumentar la demanda física y provocar dolor y fatiga en los músculos y las articulaciones.

- *Condiciones térmicas extremas*: el trabajo en ambientes calurosos o fríos también puede contribuir a la fatiga física. Las altas temperaturas requieren que el cuerpo invierta más energía para regular su temperatura interna, mientras que el frío extremo puede afectar a la circulación y generar un esfuerzo adicional para mantener el calor corporal.

- *Largas jornadas laborales*: sin tiempo suficiente para descansar.

Estos son solo algunos ejemplos de cómo la carga física puede llevar a la fatiga, y es crucial implementar medidas preventivas para minimizar su impacto en la salud de los trabajadores.

Principales riesgos asociados

- *Lesiones musculoesqueléticas*: como esguinces, distensiones musculares o trastornos por sobrecarga.

- *Reducción de la concentración y coordinación*: un trabajador fatigado es más propenso a cometer errores.

- *Accidentes laborales*: la fatiga física disminuye la capacidad de reacción y aumenta el riesgo de accidentes.

- *Esfuerzos repetitivos o cargas de trabajo* pesadas sin descanso adecuado.

Medidas preventivas

- *Diseño ergonómico del puesto de trabajo*: utilizará herramientas y equipos que minimicen el esfuerzo físico.

- *Rotación de tareas*: alternar entre tareas que requieren diferentes tipos de esfuerzo físico.

- *Instrucciones sobre técnicas de levantamiento seguro*: capacitar a los trabajadores en cómo levantar cargas de forma adecuada.

- *Pausas regulares*: establecer descansos durante la jornada para evitar la fatiga y permitir la recuperación.

Figura 2.8. Manipulación manual de carga.

Normativa aplicable

En cuanto a la normativa relacionada, podemos destacar el Real Decreto 487/1997, de 14 de abril, sobre disposiciones mínimas de seguridad y salud relativas a la manipulación manual de cargas que entrañe riesgos, en particular dorsolumbares, para los trabajadores. Esta normativa tiene como objetivo prevenir lesiones musculoesqueléticas derivadas de la manipulación de cargas, estableciendo criterios para identifica, evaluar y minimizar dichos riesgos.

Asimismo, resulta relevante el Real Decreto 488/1997, de 14 de abril, sobre disposiciones mínimas de seguridad y salud relativas al trabajo con equipos que incluyen pantallas de visualización. Este real decreto aborda aspectos como la postura, la iluminación, el diseño de mobiliario y la organización de tareas, con el objetivo de prevenir trastornos musculoesqueléticos, fatiga visual y mental.

El INSST complementa el marco normativo proporcionando guías técnicas, notas técnicas de prevención (NTP) y herramientas de evaluación ergonómica que facilitan la aplicación práctica de la normativa sobre estos riesgos. Estas incluyen recomendaciones sobre diseño de puestos, organización de tareas y métodos como observación de posturas, la evaluación de la carga física, la medición de fuerza muscular y el análisis de condiciones térmicas, todo orientado a prevenir daños a la salud de los trabajadores.

2.5.2. La fatiga mental

La fatiga mental es el agotamiento cognitivo que ocurre cuando las demandas intelectuales y emocionales del trabajo superan la capacidad del trabajador para procesar información, tomar decisiones y mantenerse concentrado. Esta fatiga puede reducir significativamente el rendimiento laboral y aumenta el riesgo de errores y accidentes.

Algunos factores que contribuyen a la fatiga mental incluyen:

- *Tareas monótonas o altamente repetitivas*: trabajos que exigen atención constante a estímulos poco variables pueden generar aburrimiento y desgaste mental.

- *Sobrecarga cognitiva*: situaciones en las que el trabajador debe procesar gran cantidad de información en poco tiempo, tomar decisiones complejas o realizar múltiples tareas simultáneamente.

- *Exceso de responsabilidad*: la elevada presión derivada de asumir responsabilidades importantes o cuyas consecuencias ante un error pueden ser graves, puede generar ansiedad y fatiga.

- *Ambientes laborales ruidosos o con distracciones constantes*: dificultan la concentración y aumentan la tensión mental.

- *Falta de pausas adecuadas*: jornadas laborales prolongadas sin descansos adecuados reducen la capacidad de recuperación del sistema nervioso.

- *Conflictos laborales o mal clima organizacional*: afectan al bienestar emocional, lo que puede contribuir al agotamiento psicológico.

Principales riesgos asociados

- *Disminución de la atención y la concentración*: lo que eleva la probabilidad de cometer errores.

- *Reducción del rendimiento intelectual*: afecta a la toma de decisiones, la memoria operativa y la capacidad para resolver problemas.

- *Aumento del estrés y ansiedad*: que, si se prolongan, pueden derivar en trastornos psicosociales como el síndrome de *burnout*.

- *Accidentes laborales*: especialmente en tareas que requieren vigilancia constante o respuesta rápida.

Medidas preventivas

- *Diseño adecuado de tareas*: alternar tareas que requieran distintos niveles de atención y fomentar la variedad funcional.

- *Pausas activas y descansos programados*: para favorecer la recuperación mental durante la jornada.

- *Gestión adecuada de la carga de trabajo*: evitar la sobrecarga cognitiva mediante una distribución equilibrada de tareas.

- *Promoción de un entorno psicosocial saludable*: fomentando la comunicación, la participación y el reconocimiento dentro del equipo de trabajo.

- *Formación en técnicas de afrontamiento del estrés*: como la gestión del tiempo, técnicas de relajación o *mindfulness*.

Figura 2.9. Prevención de la fatiga mental.

Normativa aplicable

Respecto a la normativa de referencia, aunque la fatiga mental no está regulada de forma específica por un único real decreto, el Real Decreto 488/1997, sobre pantallas de visualización, incluye medidas preventivas destinadas a evitar la fatiga visual y mental. Además, la evaluación de estos riesgos psicosociales se enmarca dentro de lo establecido en la Ley 31/1995 de Prevención de Riesgos Laborales, que obliga a las empresas a evaluar y considerar todos los factores que pueden afectar a la seguridad y salud de los trabajadores, incluidos los riesgos psicosociales.

El INSST ofrece herramientas y notas técnicas de prevención sobre la gestión de riesgos psicosociales, así como metodologías específicas para su identificación, evaluación y control, tales como cuestionarios sobre carga mental de trabajo, evaluación del estrés laboral y análisis del clima organizacional.

2.5.3. La insatisfacción laboral

La insatisfacción laboral es una condición psicosocial que aparece cuando las expectativas del trabajador sobre su entorno, sus tareas o su desarrollo profesional no se ven satisfechas. Esta situación puede tener un impacto negativo tanto en el bienestar del trabajador como en su rendimiento, y está estrechamente relacionada con otros factores de riesgo como la fatiga mental o el estrés laboral.

Aunque no siempre se manifiesta de forma inmediata, la insatisfacción sostenida puede derivar en consecuencias como la desmotivación, la desvinculación emocional con el trabajo, el bajo rendimiento y, en algunos casos, problemas de salud física o mental.

Factores que pueden generar insatisfacción laboral

- *Falta de reconocimiento*: no valorar el esfuerzo o los logros del trabajador puede afectar a su autoestima y motivación.

- *Escasas oportunidades de desarrollo*: la ausencia de formación, promoción interna o aprendizaje continuo genera sensación de estancamiento.

- *Inadecuada organización del trabajo*: una mala distribución de tareas, la carga de trabajo excesiva o la falta de autonomía generan frustración.

- *Desajuste entre el puesto y el perfil del trabajador*: realizar tareas que no se adaptan a las habilidades, intereses o valores personales puede provocar desapego y desinterés.

- *Mal clima laboral*: relaciones laborales conflictivas, liderazgo autoritario o falta de comunicación afectan a la satisfacción en el entorno laboral.

- *Falta de conciliación*: la dificultad para equilibrar la vida laboral y personal puede ser una fuente constante de insatisfacción y estrés.

Principales riesgos asociados

- *Desmotivación y bajo rendimiento*: la falta de implicación con la organización afecta a la productividad.

- *Problemas de salud psicosocial*: aumento del riesgo de ansiedad, estrés crónico, depresión o *burnout*.

- *Aumento del absentismo y la rotación del personal*: los trabajadores insatisfechos tienden a ausentarse más o abandonar la empresa.

- *Mayor propensión a cometer errores*: debido a la falta de interés, atención o compromiso con las tareas.

Medidas preventivas

- *Promover un entorno laboral positivo*: fomentar el respeto, la comunicación abierta y la colaboración entre compañeros.

- *Ofrecer oportunidades de desarrollo profesional*: formación continua, movilidad interna y reconocimiento del talento.

- *Implementar sistemas de reconocimiento*: valorar públicamente los logros individuales y colectivos.

- *Fomentar la participación*: permitir que los trabajadores se impliquen en la toma de decisiones y en la mejora de su entorno de trabajo.

- *Favorecer la conciliación*: flexibilizar horarios o facilitar medidas que ayuden a **equilibrar la vida personal y laboral.**

Figura 2.10. Formación laboral continua.

Normativa aplicable

Respecto a la normativa relacionada, al igual que en el caso de la fatiga mental, no existe un real decreto específico sobre la insatisfacción laboral, pero este aspecto se enmarca igualmente dentro de los riesgos psicosociales que deben ser evaluados según la Ley de Prevención de Riesgos Laborales. Por otro lado, el INSST también proporciona recursos clave para evaluar estos riesgos, como el método FPSICO, diseñado para identificar factores psicosociales, incluidos la satisfacción laboral, el apoyo social, el estilo de liderazgo y la participación en la toma de decisiones. Además, existen diversas notas técnicas de prevención sobre motivación, satisfacción y clima organizacional, útiles para implementar medidas preventivas eficaces.

2.6. La protección de la seguridad y salud de los trabajadores

La protección de la seguridad y salud de los trabajadores constituye uno de los pilares fundamentales de la Ley de Prevención de Riesgos Laborales. Esta protección debe aplicarse de forma integral y progresiva, priorizando siempre las medidas colectivas frente a las individuales, según establece el principio de acción preventiva recogido en el artículo 15 de dicha ley.

El empleador está obligado a adoptar todas las medidas necesarias para la protección de sus trabajadores, atendiendo a la naturaleza de los riesgos, la organización del trabajo y las condiciones específicas de cada puesto. A continuación, se desarrollan los dos grandes tipos de medidas de protección: colectiva e individual, ambas fundamentales dentro de un sistema preventivo eficaz.

2.6.1. La protección colectiva

La protección colectiva consiste en el conjunto de medios, medidas o dispositivos destinados a proteger simultáneamente a varios trabajadores frente a riesgos laborales, sin que su eficacia dependa de la actuación del propio trabajador.

Estas medidas deben adoptarse con carácter prioritario, según el principio de jerarquía de medidas preventivas. La finalidad de la protección colectiva es eliminar el riesgo en su origen o minimizar su impacto antes de que afecte a la persona.

Ejemplos de protección colectiva

- Sistemas de ventilación para controlar la exposición a contaminantes químicos o biológicos.

- Barandillas y protecciones perimetrales en trabajos en altura.

- Sistemas de extracción localizada en procesos industriales.

- Encapsulamiento de maquinaria para evitar proyecciones o atrapamientos.

- Señalización de seguridad y organización de espacios para evitar atropellos, choques o caídas.

Normativa aplicable

- Ley 31/1995, artículos 14 y 15.

- Real Decreto 486/1997, sobre disposiciones mínimas de seguridad y salud en los lugares de trabajo.

- Real Decreto 1215/1997, sobre utilización de equipos de trabajo por los trabajadores.

Figura 2.11. Protección colectiva.

2.6.2. La protección individual

Cuando no es posible eliminar el riesgo o reducirlo suficientemente mediante medidas colectivas, se debe recurrir a la protección individual, a través de los equipos de protección individual (EPI). Según el Real Decreto 773/1997, un EPI es cualquier equipo destinado a ser llevado o sujetado por el trabajador para que lo proteja de uno o varios riesgos que pueden amenazar su seguridad o salud.

Los EPI deben:

- Ser adecuados a los riesgos y condiciones existentes.

- Adaptarse al usuario sin suponer una causa de riesgo adicional.

- Incluir instrucciones claras para su uso, mantenimiento y almacenamiento.

- Contar con el marcado CE y cumplir con el Reglamento (UE) 2016/425 sobre EPI.

Tabla 2.5. Riesgos y EPI específicos.

CLASIFICACIÓN Y EJEMPLOS DE EPI SEGÚN EL TIPO DE RIESGO	
Tipo de riesgo	Ejemplos de EPI específicos
Riesgo de impacto o caída de objetos	Cascos de seguridad, gorras antigolpe, calzado de seguridad con puntera reforzada.
Riesgos mecánicos (cortes, atrapamientos, abrasión)	Guantes de protección mecánica, ropa resistente al desgarro, rodilleras.

CLASIFICACIÓN Y EJEMPLOS DE EPI SEGÚN EL TIPO DE RIESGO	
Tipo de riesgo	Ejemplos de EPI específicos
Riesgos biológicos	Guantes desechables, mascarillas FFP2/FFP3 y HP, pantallas faciales, batas impermeables.
Riesgos térmicos (calor o frío)	Ropa ignífuga, guantes aislantes, calzado térmico, protección facial térmica.
Riesgos eléctricos	Guantes dieléctricos, calzado aislante, cascos con protección eléctrica, pértigas y mantas aislantes.
Riesgos de radiación (UV, IR, ionizantes)	Gafas filtrantes, pantallas faciales, ropa opaca a la radiación, dosímetros.
Contaminación del aire (gases, vapores, partículas)	Mascarillas autofiltrantes, respiradores con filtros combinados, equipos autónomos de respiración.
Caídas de altura	Arnés anticaída, anclajes, cascos con barboquejo.
Baja visibilidad	Ropa de alta visibilidad, bandas reflectantes, linternas de casco.
Ambientes explosivos o inflamables	Ropa antiestática, calzado conductor, herramientas no chispeantes.

Consideraciones clave en el uso de EPI

- La selección debe hacerse mediante una evaluación de riesgos específica del puesto.

- Es obligatorio informar y formar al trabajador sobre su correcta utilización.

- El empleador debe garantizar su suministro gratuito como mantenimiento y reposición cuando sea necesario.

- El uso de EPI nunca exime al empresario de aplicar otras medidas preventivas.

Normativa aplicable

- Real Decreto 773/1997, sobre el uso de Equipos de Protección Individual.

- Reglamento (UE) 2016/425, sobre los requisitos de comercialización de Equipos de Protección Individual.

- INSST: NTP y Guías Técnicas sobre selección y utilización de EPI según el tipo de riesgo.

Figura 2.12. Protección individual.

Test de evaluación

Este cuestionario tiene como objetivo reforzar los conocimientos adquiridos en la **Unidad 2. Riesgos generales y medidas preventivas en el entorno laboral.** A través de situaciones reales, podrás identificar los principales riesgos que pueden presentarse en el lugar de trabajo y las medidas preventivas adecuadas para controlarlos. Cada pregunta presenta tres posibles respuestas, de las cuales solo una es correcta. Reflexiona sobre cada situación antes de elegir la opción más adecuada.

2.1. **Al utilizar una herramienta manual con mango dañado, el trabajador sufre una herida en la mano. ¿Qué tipo de riesgo se ha materializado?**

a) Riesgo de cortes y amputaciones.

b) Riesgo ergonómico.

c) Riesgo químico.

2.2. **Para reducir los riesgos por sobreesfuerzos al manejar herramientas y equipos:**

a) Se aumentará la velocidad de trabajo para reducir el tiempo de exposición.

b) Se formará a los trabajadores sobre técnicas de manejo seguro y pausas activas.

c) Se permitirá que cada trabajador adapte las herramientas según su criterio personal.

2.3. **Durante la reparación de una instalación eléctrica, un operario no corta la corriente antes de intervenir. ¿Qué riesgo está asumiendo?**

a) Riesgo de incendio.

b) Riesgo eléctrico.

c) Riesgo térmico.

2.4. En el mantenimiento de una instalación de gas, ¿qué medida preventiva es prioritaria?

a) Control de fuentes de ignición y ventilar adecuadamente la zona.

b) Utilizar equipos de protección auditiva.

c) Aplicación del Real Decreto 614/2001, sobre disposiciones mínimas para la protección frente al riesgo eléctrico.

2.5. Un trabajador almacena bombonas de gas comprimido apoyadas en horizontal y sin protección de válvulas. ¿Qué peligro implica esta situación?

a) Posible caída o proyección del envase.

b) Aumento del ruido ambiental.

c) Descarga electrostática.

2.6. En el transporte manual de cargas pesadas, la postura más adecuada es:

a) Flexionar las rodillas y mantener la carga cerca del cuerpo.

b) Mantener las piernas rectas y girar el tronco.

c) Tirar de la carga en lugar de empujarla.

2.7. Los suelos resbaladizos, la iluminación deficiente o la falta de orden en el taller son factores que incrementan el riesgo de:

a) Golpes por objetos móviles.

b) Caídas al mismo nivel.

c) Sobreesfuerzos.

2.8. La exposición prolongada al ruido y las vibraciones se considera un riesgo:

a) Físico.

b) Biológico.

c) Psicosocial.

2.9. **Para reducir los riesgos derivados de la carga de trabajo física, la medida preventiva más adecuada es:**

a) Aumentar la jornada laboral.

b) Alternar tareas y permitir pausas breves.

c) Sustituir el trabajo manual por administrativo.

2.10. **Las barandillas, extractores de humos y resguardos de maquinaria son ejemplos de:**

a) Equipos de protección individual.

b) Medidas de protección colectiva.

c) Procedimientos administrativos.

3. Actuación ante emergencias y evacuación

Introducción

En cualquier entorno laboral, la posibilidad de que ocurran emergencias o accidentes es un riesgo latente que debe ser abordado con planificación, formación y recursos adecuados. La rapidez y la eficacia en la respuesta ante estas situaciones pueden marcar la diferencia entre un incidente controlado y un desenlace con consecuencias graves para la salud o la seguridad.

Este capítulo ofrece pautas claras sobre como reconocer los riesgos, prestar primeros auxilios y organizar la respuesta ante emergencias y evacuaciones, fomentando entornos de trabajo más seguros y confiables para todos.

Contenido

En cualquier entorno laboral, la posibilidad de que ocurran emergencias o accidentes es un riesgo latente que debe ser abordado con planificación, formación y recursos adecuados. La rapidez y la eficacia en la respuesta ante estas situaciones pueden marcar la diferencia entre un incidente controlado y un desenlace con consecuencias graves para la salud o la seguridad.

Este apartado aborda los principales tipos de accidentes laborales, la evaluación primaria del accidentado, la aplicación de primeros auxilios y los fundamentos del socorrismo, así como la gestión de situaciones de emergencia, los planes de evacuación y la información clave que debe estar disponible para facilitar la actuación inmediata.

La normativa española establece obligaciones claras en materia de prevención y actuación ante emergencias. El marco legal principal está constituido por la **Ley de 31/1995 de Prevención de Riesgos Laborales**, que en su artículo 20 exige que el empresario adopte las medidas necesarias en materia de primeros auxilios, lucha contra incendios y evacuación de los trabajadores, designando al personal encargado de ponerlas en práctica y comprobando periódicamente su eficacia.

Figura 3.1. Gestión preventiva y planes de emergencia.

A su vez, el **Real Decreto 39/1997**, del Reglamento de los Servicios de Prevención, detalla las actuaciones preventivas en relación con los riesgos laborales y la planificación de emergencias. Asimismo, el **Real Decreto 393/2007**, que aprueba la Norma B**ásica de** Autoprotección, establece las disposiciones generales para la elaboración de planes de emergencia en actividades donde puedan producirse situaciones que afecten a la seguridad de personas o bienes.

Además, el **Real Decreto 486/1997**, sobre disposiciones mínimas de seguridad y salud en los lugares de trabajo, en su artículo 20, establece la obligación de contar con planes de emergencia, y disponer de material de lucha contra incendios, garantizar una adecuada señalización y formar al personal para hacer frente a estas situaciones. La **guía** técnica **elaborada por el INSST** sobre este real decreto proporciona criterios técnicos y recomendaciones prácticas para el desarrollo y aplicación eficaz de dichos planes de emergencia.

Por otro lado, también es relevante tener en cuenta determinadas **normas UNE**, que, aunque no son de obligado cumplimiento como una ley o un real decreto, establecen buenas prácticas reconocidas y ampliamente aceptadas en el ámbito técnico y de la gestión. Estas normas son elaboradas por organismos de normalización (como UNE, AENOR o ISO) y constituyen una herramienta valiosa para complementar el cumplimiento normativo y mejorar la gestión preventiva.

Entre ellas destacan:

- **UNE-EN ISO 45001: 2018**, sobre sistemas de gestión de la seguridad y salud en el trabajo. que ayuda a integrar la prevención en la gestión general de la empresa, incluyendo la preparación y respuesta ante emergencias.

- **UNE 22320: 2013**, sobre gestión de emergencias, que establece los requisitos para organizar una respuesta eficaz ante incidentes, facilitando la coordinación entre los recursos disponibles y las actuaciones que se deben desarrollar.

La integración de estas disposiciones normativas y técnicas permite a las organizaciones estar mejor preparadas para hacer frente a las situaciones de emergencia, minimizando sus consecuencias y garantizando la protección de los trabajadores.

3.1. Tipos de accidentes

Los accidentes laborales pueden adoptar múltiples formas y su adecuada clasificación resulta fundamental para diseñar estrategias eficaces de prevención, intervención y evacuación. Identificar el tipo de accidente no solo permite reaccionar con rapidez ante una emergencia, sino también en localizar su origen para evitar recurrencias futuras.

La evaluación de los accidentes debe considerar tanto las causas inmediatas como las causas raíz, de acuerdo con lo establecido en la Guía técnica para la investigación de accidentes de trabajo publicada por el Instituto Nacional de Seguridad y Salud en el Trabajo (INSST, 2023). Este enfoque integral permite no solo tratar las consecuencias del accidente, sino también intervenir sobre los factores estructurales que lo han posibilitado.

A continuación, se describen los principales tipos de accidentes laborales, clasificados según su naturaleza, gravedad, contexto de ocurrencia y agente causante, con el fin de facilitar su identificación y orientar una respuesta preventiva y eficaz.

Según la naturaleza del accidente

Esta clasificación hace referencia a la causa inmediata del daño:

- *Mecánicos*: provocados por maquinaria, herramientas, estructuras o elementos móviles. Incluyen cortes, atrapamientos, amputaciones y golpes.

- *Eléctricos*: debidos al contacto con la corriente eléctrica o cortocircuitos. Los efectos más comunes son quemaduras, paro cardíaco o fibrilación ventricular.

- *Térmicos*: producidos por exposición a altas temperaturas, llamas o superficies calientes, lo que conlleva quemaduras y deshidratación.

- *Químicos*: originados por contacto con sustancias peligrosas por vía dérmica, inhalatoria o digestiva. Pueden causar quemaduras químicas, intoxicaciones o reacciones alérgicas.

- *Biológicos*: relacionados con la exposición a agentes patógenos (bacterias, virus, hongos). Se dan con frecuencia en sectores sanitarios o residuos industriales.

- *Físicos*: asociados a factores como el ruido, vibraciones, radiaciones o presión ambiental, pudiendo derivar en sordera, fatiga o lesiones internas.

- *Por caídas*: ya sean al mismo nivel (resbalones, tropiezos) o desde altura (andamios, escaleras).

- *Por choques o colisiones*: impacto contra objetos, vehículos o estructuras, especialmente en espacios confinados o zonas de tránsito.

Según la gravedad del accidente

- *Leves*: no requieren atención médica especializada (pequeños cortes, golpes sin consecuencias).

- *Graves*: implican daños significativos que requieren intervención médica urgente (fracturas, quemaduras, hemorragias).

- *Mortales*: provocan el fallecimiento del trabajador.

Según el lugar o situación de ocurrencia

Conforme al artículo 156 del Texto Refundido de la Ley General de la Seguridad Social (Real Decreto Legislativo 8/2015), se consideran accidentes de trabajo los ocurridos en las siguientes situaciones:

- *Durante la jornada laboral*: mientras se ejecuta la tarea asignada.
- In itinere: durante el trayecto habitual de ida o vuelta al lugar de trabajo.
- *En misión*: en desplazamientos laborales autorizados fuera del centro de trabajo.
- *Durante actividades derivadas del empleo*: incluso en actos de salvamento o durante emergencias producidas en el entorno laboral.

Según el agente causante

- *Equipos de trabajo*: herramientas, máquinas, instalaciones o vehículos.
- *Condiciones del entorno*: estado del suelo, clima, iluminación, ventilación, etcétera.
- *Factores humanos*: fatiga, distracciones, imprudencias.
- *Factores organizativos*: falta de formación, ausencia de procedimientos, mantenimiento deficiente.

3.2. Evaluación primaria del accidentado

La rápida actuación en caso de accidente puede ser crucial para salvar una vida o evitar lesiones graves. Se considera emergencia médica aquella situación en la que la falta de atención inmediata puede provocar la muerte en pocos minutos.

Ante cualquier accidente, es fundamental activar el **SISTEMA DE EMERGENCIA**, y para ello debemos seguir la regla **PAS**, acrónimo que recoge 3 pasos esenciales y secuenciales para atender adecuadamente a la persona accidentada:

- **P de Proteger**: antes de intervenir, debemos asegurarnos de que tanto la víctima como nosotros estamos a salvo y fuera de peligro. Por ejemplo, si el accidente ha sido por electrocución, no se debe tocar al afectado sin antes cortar la corriente eléctrica, ya que podríamos convertirnos en nuevas víctimas.
- **A de Avisar**: siempre que sea posible, se debe informar a los servicios de emergencia (como ambulancia o personal médico), proporcionando los datos necesarios para que puedan acudir al lugar lo antes posible. Este paso pone en marcha el sistema de emergencia.

- **S de Socorrer:** tras haber protegido y avisado, se pasa la atención directa del accidentado mediante la *evaluación primaria*, que consiste en comprobar sus signos vitales en el siguiente orden:

1. Conciencia
2. Respiración
3. Pulso

Figura 3.2. Reanimación cardiopulmonar.

Si se confirma la existencia de conciencia o respiración, se continuará con la *evaluación secundaria*, que incluye la revisión de otros signos no vitales como hemorragias, heridas o posibles fracturas.

Si no respira, se deben abrir las vías aéreas con la maniobra frente-mentón y comprobar la existencia de obstrucciones.

Si no hay pulso, se debe iniciar de inmediato la reanimación cardiopulmonar (RCP).

Estas acciones básicas deben mantenerse hasta la llegada de los servicios sanitarios, aumentando significativamente las posibilidades de supervivencia de la víctima.

Figura 3.3. Sistema de emergencia PAS.

3.3. Primeros auxilios

Como se explicó en el apartado anterior, tras activar el sistema de emergencia mediante la secuencia PAS (Proteger, Avisar, Socorrer), el socorrista inicia una evaluación primaria del accidentado, valorando su conciencia, respiración y pulso, aplicando las primeras maniobras de asistencia vital si fuera necesario. Sin embargo, para que estas actuaciones iniciales sean realmente eficaces, es imprescindible que el entorno laboral disponga de una adecuada organización de los primeros auxilios, con medios y recursos accesibles y adaptados a los riesgos existentes.

Los primeros auxilios comprenden el conjunto de técnicas y medidas inmediatas aplicadas en caso de accidente o enfermedad repentina, con el objetivo de prevenir el agravamiento de las lesiones y mantener con vida al afectado hasta la llegada de personal sanitario cualificado. Su correcta aplicación puede marcar la diferencia entre la vida y la muerte.

En este sentido, todos los niveles de la empresa deben estar comprometidos con la preparación y el funcionamiento de estos sistemas. La planificación y dotación adecuada de recursos, junto con la formación básica de los trabajadores designados, son claves para una respuesta rápida y eficaz.

Desde el punto de vista normativo, el Real Decreto 486/1997, por el que se establecen las disposiciones mínimas de seguridad y salud en los lugares de trabajo, aborda expresamente este tema. En su artículo 10 y anexo VI establece los requisitos relacionados con el material y locales de primeros auxilios, incluyendo los siguientes:

- **Disponibilidad del material adecuado**: ajustado al número de trabajadores, los riesgos presentes y la cercanía a centros médicos. Debe ser accesible, portable si es necesario, y permitir una intervención inmediata.

- **Dotación mínima obligatoria**: todo lugar de trabajo debe contar con un botiquín portátil, que incluya productos básicos como gasas estériles, algodón, vendas, tijeras, guantes desechables y antisépticos autorizados. No se debe incluir medicación, ya que su administración excede las competencias del personal no sanitario.

- **Revisión periódica del botiquín**: para reponer el material caducado o utilizado.

- **Locales de primeros auxilios**: obligatorios en centros con más de 50 trabajadores, o más de 25 si lo determina la autoridad laboral. Deben contar con, al menos, una camilla, una fuente de agua potable y un botiquín completo. Su ubicación debe garantizar un acceso rápido desde cualquier puesto de trabajo y estar claramente señalizada.

Además de estos requisitos mínimos, se recomienda disponer de otro recurso de autoprotección, como equipos de protección respiratoria, especialmente en actividades donde pueden producirse emergencias por exposición a sustancias tóxicas. Esto permite al socorrista actuar sin riesgo para su propia seguridad.

En definitiva, la eficacia de la respuesta ante una emergencia no depende únicamente de la actuación inmediata del socorrista, sino también del entorno y los medios disponibles.

La organización adecuada de los primeros auxilios en el centro de trabajo constituye, por tanto, un complemento imprescindible para la evaluación primaria, y una herramienta fundamental para la protección de la vida y la salud de los trabajadores.

3.4. Socorrismo

La Ley de Prevención de Riesgos Laborales (LPRL) establece la obligación del empresario de analizar las posibles situaciones de emergencia y adoptar las medidas necesarias en materia de primeros auxilios, lucha contra incendios y evacuación. Esta organización requiere la designación del personal capacitado, la verificación periódica del correcto funcionamiento de los procedimientos y la coordinación con servicios externos para garantizar una respuesta eficaz.

Personal encargado de socorrismo

No existe un número legal concreto para el personal encargado de primeros auxilios, pero debe ser suficiente para cubrir todas las necesidades operativas y turnos, teniendo en cuenta la estructura empresarial, el tipo de actividad, el número de trabajadores y la distancia a los servicios médicos externos. En general, se recomienda disponer de al menos un socorrista por cada 50 trabajadores en entornos de bajo riesgo y un mayor número de sectores con riesgos elevados, como el trabajo con maquinaria peligrosa.

Formación del personal socorrista

El personal designado debe recibir formación adecuada y continua que incluya:

- *Formación básica*: atención inmediata en situaciones críticas que ponen en peligro la vida, como paradas cardiorrespiratorias.

- *Formación complementaria*: manejo de urgencias médicas frecuentes, como hemorragias, fracturas y heridas.

- *Formación específica*: capacitación orientada a los riesgos particulares de la empresa.

El objetivo de la formación es no solo la adquisición de conocimientos técnicos, sino también el desarrollo de habilidades y actitudes para reconocer emergencias y proporcionar soporte inicial eficaz hasta la llegada de los profesionales sanitarios.

Procedimientos de actuación en emergencias

Durante la atención al accidentado es esencial mantener la calma, controlar el entorno y evitar aglomeraciones. No se debe mover al accidentado hasta realizar una valoración primaria que confirme su estado vital, identificando situaciones que puedan poner en peligro su vida. Se debe tranquilizar al accidentado, mantenerlo abrigado y activar de inmediato el sistema de emergencia. El traslado debe realizarse en el vehículo adecuado y nunca se debe administrar medicación.

Valoración secundaria

Una vez aseguradas las constantes vitales, se realiza una evaluación exhaustiva para detectar lesiones secundarias que puedan agravar el estado del accidentado, tales como hemorragias, fracturas o quemaduras. Las actuaciones específicas en cada caso deben seguir protocolos establecidos.

Cuando el accidentado está inconsciente, pero mantiene la respiración estable, la posición lateral de seguridad (PLS) es la más adecuada para prevenir la obstrucción de las vías aéreas. Además, se deben vigilar continuamente las constantes vitales, aflojar prendas restrictivas, mantener una temperatura corporal adecuada, evitar la ingesta de alimentos o bebidas y procurar mantener al accidentado consciente y tranquilo.

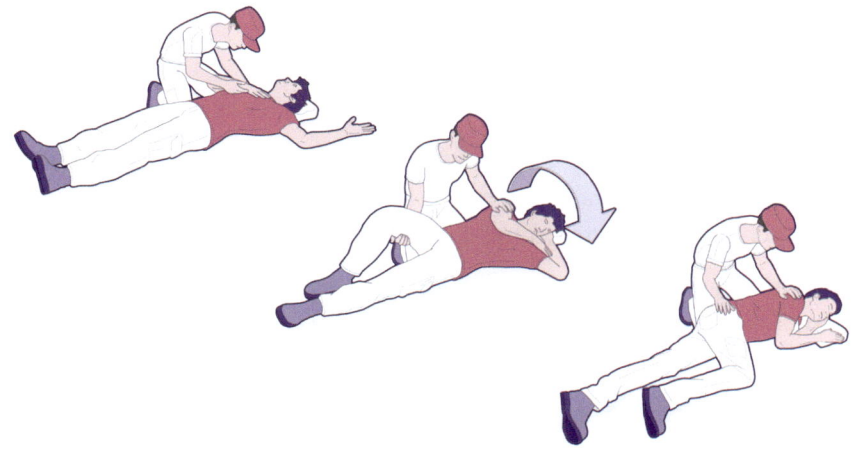

Figura 3.4. Posición lateral de seguridad (PLS).

Obligación legal de socorrer

El Código Penal sanciona la omisión del deber de socorro, imponiendo multas o penas de prisión a quienes no auxilien a una persona en peligro manifiesto, siempre que puedan hacerlo sin riesgo propio ni a terceros. Sin embargo, la designación como socorrista en la empresa es voluntaria y no puede imponerse a trabajadores en contra de su voluntad.

3.5. Situaciones de emergencia

En el entorno laboral, las situaciones de emergencia son eventos inesperados que pueden causar daños graves a las personas, al medio ambiente o a las instalaciones. La correcta identificación y análisis de estas situaciones es fundamental para diseñar planes de emergencia eficaces y garantizar una respuesta rápida y coordinada.

A continuación, se describen las principales situaciones de emergencia que pueden presentarse en el ámbito laboral:

- **Incendios:** una de las emergencias más comunes. Puede iniciarse por fallos eléctricos, combustión de materiales inflamables o negligencias. Requiere una rápida actuación para evitar su propagación y minimizar daños.

  En entornos industriales, la gestión del riesgo de incendio está regulada por el Real Decreto 164/2025, por el que se aprueba el Reglamento de Seguridad Contra Incendios en los establecimientos industriales. Este reglamento exige que dichos establecimientos garanticen la evacuación segura, dispongan de medios de protección adecuados y proporcionen formación e información sobre los procedimientos de emergencia y uso de sistemas de protección contra incendios.

- **Explosiones:** derivadas de la acumulación de gases, vapores o polvo en condiciones propicias. Las consecuencias suelen ser graves e inmediatas.

- **Fugas o derrames de sustancias químicas o tóxicas:** implican un riesgo para la salud humana y el medio ambiente. Es fundamental actuar con equipos de protección y protocolos específicos.

- **Accidentes con maquinaria o vehículos:** incluyen atrapamientos, golpes o atropellos. Son frecuentes en entornos industriales o logísticos y pueden requerir intervención médica urgente.

- **Cortes eléctricos o fallos de sistemas críticos:** pueden generar riesgos secundarios (como incendios o interrupción de sistemas de ventilación o alarma) y requieren planes de contingencia.

- **Desprendimientos o derrumbes:** propios de obras, minas o estructuras deterioradas. Su riesgo puede incrementarse por trabajos que generan vibración o calor.

- **Inundaciones:** causadas por fenómenos meteorológicos o fallos en instalaciones hidráulicas. Pueden afectar a la seguridad eléctrica y estructural del lugar.

- **Accidentes graves con trabajadores (caídas, atrapamientos):** necesitan respuesta inmediata, primeros auxilios y la activación de los sistemas de emergencia establecidos.

- **Amenazas externas (intrusión, atentados, terrorismo):** aunque menos frecuentes, deben contemplarse en algunos sectores críticos o estratégicos. Requieren protocolos específicos de seguridad y evacuación.

Todos estos escenarios deben contemplarse al desarrollar el plan de emergencia del centro de trabajo, incluyendo procedimientos, medios materiales, formación del personal y coordinación con servicios externos.

Relación con los trabajos de soldadura

En el caso de los trabajos de soldadura, ciertas situaciones de emergencia como los incendios, explosiones, quemaduras, inhalación de gases o fallos eléctricos tienen una mayor probabilidad de ocurrencia debido al uso de altas temperaturas, materiales inflamables y atmósferas potencialmente peligrosas. Por ello, es especialmente importante que en los centros donde se realizan tareas de soldadura se prevean estas situaciones, que refuercen las medidas preventivas y se garantice la preparación del personal ante una emergencia.

3.6. Planes de emergencia y evacuación

En el ámbito de la prevención de riesgos laborales, la planificación ante emergencias es una obligación legal y una necesidad práctica para proteger la salud de los trabajadores y minimizar los daños ante sucesos imprevistos como incendios, explosiones o fugas de sustancias peligrosas, esta planificación se materializa principalmente a través de dos documentos: el plan de emergencia y el plan de autoprotección, que aunque están relacionados, presentan claras diferencias en su alcance, obligatoriedad y contenido. Además, dentro del plan de emergencia, se distingue un componente específico: el plan de evacuación.

El plan de emergencia

El plan de emergencia es el documento básico que debe tener todo centro de trabajo. Su objetivo es organizar la respuesta ante situaciones críticas, y sus elementos mínimos son:

- *Identificación y análisis de riesgos*: previsibles (incendios, derrames, explosiones, fallos eléctricos, etcétera).

- *Medios de protección existentes*: tanto individuales como colectivos (extintores, salidas de emergencia, alarma).

- *Organización de la respuesta*: definición de equipos de intervención interna, responsables de evacuación, primeros auxilios y coordinación.

- *Procedimientos de actuación*: cómo activar la alarma, comunicar con servicios externos, atender heridos y evacuar el lugar.

- *Registro y mantenimiento*: de simulacros, revisiones periódicas y formación del personal implicado.

Es un plan obligatorio en todos los centros de trabajo, independientemente de su actividad, de acuerdo con el artículo 20 de la Ley de PRL.

El plan de evacuación

El plan de evacuación es un componente operativo dentro del plan de emergencia, que desarrolla específicamente las acciones necesarias para desalojar de forma segura a los ocupantes del centro de trabajo. Incluye:

- *Diseño de las vías de evacuación*: rutas seguras, señalizadas, libres de obstáculos.

- *Puntos de encuentro* en el exterior.

- *Procedimientos de evacuación según el tipo de emergencia* (evacuación parcial, total, progresiva...).

- *Tiempo estimado de evacuación* y capacidad de las rutas.

- *Instrucciones visibles* en planos, carteles y documentos de formación.

- *Entrenamiento del personal* en escenarios realistas mediante simulacros.

Mientras el plan de emergencias abarca todas las actuaciones ante una emergencia, el de evacuación se centra exclusivamente en el desalojo de personas.

Figura 3.5. Señales de evacuación y salvamento.

El plan de autoprotección

El plan de autoprotección es un documento más completo, exigido únicamente para actividades clasificadas como de especial peligrosidad o riesgo para las personas, el medio ambiente o los bienes, tal y como establece el anexo I del Real Decreto 393/2007. Su contenido incluye, además del plan de emergencia y evacuación, los siguientes aspectos:

- Identificación detallada de riesgos y su evaluación técnica.

- Inventario de medios materiales y humanos disponibles.

- Integración con los planes de Protección Civil.

- Protocolos de coordinación con servicios externos (bomberos, emergencias, policía).

- Implantación, revisión y mantenimiento documentado del plan.

¿Cuándo es obligatorio en actividades de soldadura?

Aunque no todas las actividades de soldadura requieren un plan de autoprotección, sí puede ser obligatorio cuando se dé alguno de los siguientes casos:

- Se realizan en **instalaciones industriales con sustancias inflamables, combustibles o tóxicas.**

- Se ejecutan en lugares con **afluencia pública o gran concentración de personas** (ferias, eventos, centros comerciales, talleres abiertos al público).

- Se ubica en **centros incluidos en el anexo I del Real Decreto 393/2007**, como:

  — Establecimientos industriales clasificados con riesgo elevado de incendio conforme al nuevo Reglamento de Seguridad Contra Incendios aprobado por el Real Decreto 164/2025.

  — Instalaciones con productos químicos peligros, según lo dispuesto en el Real Decreto 840/2015.

— Actividades de soldadura en espacios confinados con riesgo de atmósferas explosivas.

— Actividades en talleres de soldadura en centros docentes con presencia de menores.

En resumen, si la actividad de soldadura se enmarca en alguno de estos contextos, el titular de la instalación estará obligado a contar con un plan de autoprotección formalmente implantado y revisado.

Figura 3.6. Plan de autoprotección.

3.7. Información de apoyo para la actuación en emergencias

Además de los planes y protocolos establecidos, disponer de información accesible, clara y actualizada es esencial para garantizar una respuesta eficaz ante emergencias. Esta información debe estar disponible para todos los trabajadores y formar parte del sistema preventivo.

Elementos clave de la información de apoyo

• *Planos de evacuación*: visibles en zonas comunes, con indicación de salidas, rutas, equipos de emergencia y puntos de reunión.

• *Instrucciones de actuación simplificadas*: carteles o fichas para casos concretos (incendio, fuga, corte eléctrico, etcétera).

- *Teléfonos de emergencia*: internos (coordinadores, primeros auxilios) y externos (bomberos, policía, servicios médicos).

- *Señalización de emergencia*: conforme al Real Decreto 485/1997, indicando rutas, equipos contra incendios y zonas seguras.

- *Fichas de seguridad (FDS)*: obligatorias si se manipulan sustancias peligrosas, clave para la actuación técnica.

- *Registros de formación y simulacros*: evidencian que el personal conoce los procedimientos y ha practicado su ejecución.

- *Guías internas o manuales de emergencia*: compendio de todos los recursos y procedimientos, adaptado a la actividad del centro.

En trabajos de soldadura, donde existe riesgo de incendio, proyección de partículas incandescentes, exposición a gases o espacios confinados, esta información de apoyo cobra especial relevancia. Asegurar que los planos, instrucciones y teléfonos estén accesibles y adaptados a este tipo de actividad puede marcar la diferencia en una intervención eficaz.

Para finalizar el análisis de este capítulo, es importante subrayar que la correcta gestión de las situaciones de emergencia no solo implica contar con planes bien redactados, sino también asegurar su implantación efectiva, su revisión periódica y su integración real en la cultura preventiva del centro de trabajo. La formación, la práctica mediante simulacros y el acceso a información clara y actualizada son pilares fundamentales para reducir los daños y preservar la vida y la salud de los trabajadores ante cualquier emergencia.

El compromiso con la prevención debe extenderse más allá de la norma, convirtiéndose en una práctica habitual que prepare a los equipos humanos y técnicos para responder con seguridad, coordinación y eficacia.

Test de evaluación

Este cuestionario tiene como objetivo reforzar los conocimientos adquiridos en la **Unidad 3. Actuación ante emergencias y evacuación**. Cada pregunta presenta tres posibles respuestas, de las cuales solo una es correcta. Reflexiona antes de responder.

3.1. **¿Cuál de las siguientes obligaciones establece el artículo 20 de la Ley 31/1995 de Prevención de Riesgos Laborales respecto a las emergencias?**

a) Realizar simulacros solo en caso de accidente previo.

b) Adoptar medidas de primeros auxilios, lucha contra incendios y evacuación, designando al personal encargado.

c) Externalizar la gestión de emergencias a empresas especializadas sin supervisión interna.

3.2. **¿Qué tipo de accidente laboral se produce al sufrir un resbalón o tropiezo durante la jornada?**

a) Accidente térmico.

b) Accidente por caída al mismo nivel.

c) Accidente químico.

3.3. **La actuación de primeros auxilios se basa en la secuencia:**

a) PAS: Proteger, Avisar, Socorrer.

b) PSA: Proteger, Socorrer, Avisar.

c) SAP: Socorrer, Avisar, Proteger.

3.4. **Durante la evaluación primaria del accidentado, si no se detecta pulso, ¿qué acción debe realizarse de inmediato?**

a) Colocar a la persona en posición lateral de seguridad.

b) Iniciar la reanimación cardiopulmonar (RCP).

c) Aplicar frío local en el pecho.

3.5. ¿Cuál es el objetivo principal de los primeros auxilios en el entorno laboral?

a) Sustituir la atención médica especializada.

b) Prevenir el agravamiento de las lesiones y mantener con vida al accidentado hasta la llegada de asistencia sanitaria.

c) Registrar el accidente para el informe preventivo.

3.6. ¿Cuál es el objetivo principal del plan de emergencia en un centro de trabajo?

a) Detallar las normas de comportamiento diario en el centro.

b) Organizar la respuesta ante situaciones críticas como incendios, explosiones o derrames.

c) Sustituir las funciones del servicio de prevención.

3.7. ¿En qué se diferencia principalmente el plan de evacuación respecto al plan de emergencia?

a) El plan de evacuación solo se aplica en oficinas administrativas.

b) El plan de evacuación se centra en el desalojo seguro de personas, mientras que el de emergencia abarca todas las actuaciones ante un suceso.

c) El plan de emergencia es opcional y el de evacuación es obligatorio.

3.8. ¿Qué requisito deben cumplir las personas designadas como socorristas en el centro de trabajo?

a) Poseer únicamente formación teórica sobre primeros auxilios.

b) Recibir formación adecuada y continua adaptada a los riesgos de la empresa.

c) Contar con experiencia laboral mínima de cinco año.

3.9. ¿Cuándo es obligatorio disponer de un local de primeros auxilios en el centro de trabajo, según el Real Decreto 486/1997?

a) En todos los centros, independientemente del número de trabajadores.

b) Solo en centros con más de 50 trabajadores, o más de 25 si lo determina la autoridad laboral.

c) Únicamente en centros situados lejos de núcleos urbanos.

3.10. ¿Cuál de los siguientes elementos forma parte de la información de apoyo esencial para actuar ante emergencias?

a) Los registros de vacaciones del personal.

b) Los planos de evacuación visibles con rutas y puntos de reunión.

c) Las fichas de control de asistencia diaria.

4. Factores de riesgo en trabajos de soldadura

Introducción

La soldadura constituye una de las actividades industriales con mayor nivel de exigencia en materia de seguridad y salud. La combinación de calor, radiaciones, humos y atmósferas inflamables configura un entorno de trabajo complejo que requiere medidas específicas de control.

Este capítulo expone los principales factores de riesgo, sus efectos sobre la salud y las estrategias preventivas más eficaces, aportando un marco de referencia técnico para la gestión de la seguridad en soldadura.

Contenido

Los trabajos de soldadura, fundamentales en numerosos sectores industriales, implican la exposición a una variedad significativa de riesgos que pueden comprometer la salud y la seguridad de los trabajadores si no se identifican y gestionan adecuadamente. Estos riesgos derivan tanto de las condiciones del entorno como de las características específicas del proceso de soldadura (temperaturas elevadas, radiaciones, humos, atmósferas inflamables, etcétera).

Este capítulo tiene como objetivo describir y analizar los principales factores de riesgo asociados a las tareas de soldadura. En los siguientes apartados iremos abordando los distintos tipos de riesgo, destacando sus posibles causas, consecuencias y las medidas preventivas y de protección más adecuadas, con el fin de proporcionar una visión integral que permita implementar actuaciones eficaces de prevención.

4.1. Riesgo de caídas de objetos pesados

Descripción

En los trabajos de soldadura, especialmente en entornos industriales o de construcción, existe un riesgo significativo de caídas de objetos pesados que pueden causar lesiones graves a los trabajadores. Estos objetos pueden ser piezas metálicas, herramientas, equipos o materiales en proceso de manipulación o almacenaje.

Figura 4.1. Señal de peligro: caída de objetos.

Situaciones habituales

- Manipulación y desplazamiento de grandes piezas metálicas o estructuras durante el montaje previo o posterior a la soldadura.

- Uso de grúas, polipastos o elevadores para mover cargas pesadas en el área de trabajo.

- Almacenamiento inadecuado de materiales pesados en estanterías o superficies elevadas sin las debidas medidas de seguridad.
- Caída accidental de herramientas, electrodos u otros elementos utilizados en la soldadura.
- Trabajos en altura donde los objetos pueden caer sobre trabajadores ubicados en niveles inferiores.

Consecuencias potenciales

- Traumatismos graves, incluyendo fracturas, contusiones o lesiones craneales.
- Incapacidades temporales o permanentes.
- Accidentes mortales en caso de impacto directo con objetos muy pesados o caídas desde altura.
- Daños materiales que pueden generar interrupciones en el proceso productivo.

Medidas preventivas

Equipos de protección individual (EPI):
- Casco de seguridad resistente a impactos.
- Calzado de seguridad con puntera reforzada.

Medidas colectivas:
- Uso de protecciones colectivas como redes, barandillas o plataformas de trabajo seguras.
- Correcta señalización y delimitación de zonas de paso bajo áreas de trabajo en altura.
- Inspección y mantenimiento riguroso de equipos de elevación y manipulación de cargas.
- Formación y protocolos claros para la manipulación segura de materiales pesados.
- Orden y limpieza constante del área de trabajo para evitar la caída accidental de objetos.

Consideraciones adicionales

En soldadura, es habitual trabajar con piezas metálicas grandes y pesadas que requieren coordinación y comunicación efectiva entre el equipo. La planificación del trabajo debe incluir una evaluación de riesgos específica para la manipulación y almacenamiento de materiales, y el personal debe estar formado en procedimientos seguros para evitar accidentes por caídas de objetos.

4.2. Riesgo de golpes contra objetos

Descripción

Durante los trabajos de soldadura, los trabajadores están expuestos a riesgo de golpes contra objetos fijos o móviles en el área de trabajo. Estos golpes pueden causar lesiones traumáticas, contusiones o daños que afectan la movilidad y capacidad laboral.

Figura 4.2. Riesgo de golpes con objetos móviles.

Situaciones habituales

- Movimiento en espacios reducidos o pasillos donde hay tuberías, estructuras metálicas, vigas o herramientas colgadas.

- Manipulación de piezas o herramientas que pueden desplazarse o caer inesperadamente.

- Trabajo en áreas con maquinaria en movimiento o presencia de vehículos industriales como carretillas elevadoras.

- Golpes al manipular antorchas, electrodos o partes del equipo de soldadura.

- Desplazamiento entre diferentes zonas con baja visibilidad o iluminación insuficiente.

Consecuencias potenciales

- Contusiones, heridas superficiales o hematomas.
- Lesiones de cabeza, manos, brazos o piernas, según las zonas de impacto.
- Fracturas o luxaciones en casos de golpes fuertes.
- Accidentes en cadena por distracción o desequilibrio tras un golpe.

Medidas preventivas

Equipos de protección individual (EPI):

- Casco de seguridad para protección craneal.
- Guantes resistentes para evitar lesiones en manos.
- Ropa de trabajo adecuada que minimice daños por golpes o rozaduras.

Medidas colectivas:

- Señalización clara y delimitación de zonas de paso y trabajo.
- Orden y limpieza para evitar obstáculos y objetos en lugares inapropiados.
- Instalación de protectores y acolchados en zonas con riesgo de golpe.
- Formación específica sobre riesgos y buenas prácticas en el entorno de soldadura.

Consideraciones adicionales

El espacio de trabajo en soldadura suele ser dinámico y con múltiples elementos en movimiento suspensión. Por ello, es fundamental una correcta planificación, señalización y comunicación constante entre los operarios para minimizar riesgos de golpes y garantizar el entorno seguro.

4.3. Riesgo de incendio

Descripción

La soldadura implica la generación de altas temperaturas, chispas y proyecciones incandescentes, lo que aumenta significativamente el riesgo de incendio en el lugar de trabajo.

Este riesgo es especialmente alto cuando existen materiales combustibles o inflamables en las proximidades.

Figura 4.3. Riesgo de incendio.

Situaciones habituales

- Emisión de chispas y gotas de metal fundido durante procesos de soldadura por arco, oxiacetilénica, plasma o TIG.

- Presencia de materiales inflamables cercanos (líquidos, gases, textiles, madera, etcétera).

- Acumulación de polvo o residuos combustibles en zonas de trabajo.

- Instalaciones eléctricas defectuosas o mal aisladas.

- Mal almacenamiento o manipulación de productos químicos inflamables.

Consecuencias potenciales

- Daños materiales severos en maquinaria, instalaciones y estructuras.

- Lesiones graves o fatales por quemaduras a los trabajadores.

- Interrupción de la producción y pérdidas económicas significativas.

- Riesgo para la salud pública si el incendio se propaga fuera del área de trabajo.

Medidas preventivas

Equipos de protección individual (EPI):

- Ropa ignífuga certificada (EN ISO 11611) para evitar quemaduras.

- Guantes resistentes al calor y cascos con viseras protectoras.

Medidas colectivas:

- Limpieza y orden permanente en el área de trabajo para evitar acumulación de materiales inflamables.

- Uso de cortinas o pantallas ignífugas para delimitar zonas de soldadura.

- Inspección y mantenimiento regular de los equipos eléctricos y de soldadura.

- Instalación y mantenimiento de sistemas de detección y extinción de incendios (extintores, rociadores, alarmas).

- Señalización adecuada y planes de emergencia específicos para incendios.

- Formación:
  - Capacitación en el manejo seguro de equipos y productos inflamables.
  - Simulacros y procedimientos claros de actuación en caso de incendio.

Consideraciones adicionales

El riesgo de incendio en la soldadura es una de las principales causas de accidentes graves. La correcta gestión del entorno, el control de materiales y la formación continua son pilares esenciales para reducir este riesgo y proteger la seguridad del personal y las instalaciones.

4.4. Riesgos de quemaduras

Descripción

En los trabajos de soldadura, las quemaduras son uno de los riesgos más frecuentes debido al uso de altas temperaturas, metal fundido y radiación térmica. Estas quemaduras pueden afectar a la piel y las mucosas, causando desde lesiones leves hasta daños graves e irreversibles.

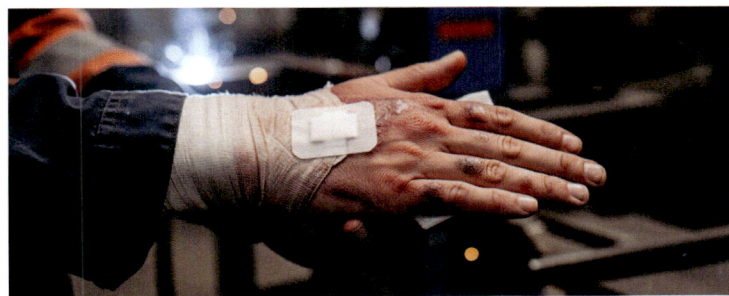

Figura 4.4. Quemaduras en el lugar de trabajo.

Situaciones habituales

- Contacto directo con superficies o piezas calientes recién soldadas.

- Salpicaduras de metal fundido o escoria durante la soldadura por arco, oxia-cetilénica o plasma.

- Exposición a llamas o gases calientes en procesos de corte y soldadura.

- Contacto accidental con electrodos, antorchas o herramientas calientes.

- Radiación térmica y ultravioleta que puede causar quemaduras en piel y ojos.

Consecuencias potenciales

- Quemaduras de primer a tercer grado, que pueden provocar dolor intenso, ampollas, necrosis o infecciones.

- Cicatrices permanentes o discapacidades si no se tratan adecuadamente.

- En casos graves, riesgo de muerte por quemaduras extensas o complicaciones.

Medidas preventivas

Equipos de protección individual (EPI):

- Guantes resistentes al calor y al metal fundido (de cuero o materiales igní-fugos).

- Ropa de trabajo ignífuga que cubra completamente brazos, piernas y torso (según Norma EN ISO 11611).

- Manguitos, delantales y pantalones sin dobladillos para evitar acumulación de escoria.

- Casco con visor adecuado para proteger la cara y ojos.

Medidas colectivas:

- Instalación de pantallas o cortinas ignífugas para proteger a otros trabaja-dores.

- Mantenimiento y revisión periódica de equipos para evitar sobrecalenta-miento o fugas.

- Control del área de trabajo para evitar materiales combustibles cerca del foco de soldadura.

Consideraciones adicionales

El riesgo de quemaduras aumenta en espacios confinados o con mala ventilación, donde el control térmico y la rapidez de la intervención son críticos para
minimizar daños. El uso adecuado de EPI y la formación continua son fundamentales para prevenir lesiones.

4.5. Riesgo por inhalación de humos y gases procedentes de la soldadura

Descripción

Durante los procesos de soldadura se generan humos y gases que pueden ser
altamente tóxicos y perjudiciales para la salud respiratoria de los trabajadores.
La inhalación continua de concentraciones elevadas puede provocar desde irri-
taciones leves hasta enfermedades crónicas graves.

Figura 4.5. Humos y gases en soldadura.

Situaciones habituales

- Soldadura por arco (eléctrico, MIG/MAG, TIG), que produce humos compuestos por partículas metálicas y compuestos químicos.

- Procesos que emplean electrodos revestidos o consumibles que liberan gases nocivos.

- Soldadura oxiacetilénica que genera gases combustibles y dióxido de carbono.

- Trabajos en espacios confinados o con ventilación insuficiente, donde la concentración de humos es mayor.

Consecuencias potenciales

- Irritación de vías respiratorias, nariz, garganta y ojos.

- Problemas respiratorios agudos como bronquitis o neumonitis.

- Enfermedades profesionales crónicas, incluyendo fibrosis pulmonar, asma ocupacional, y en casos graves, cáncer de pulmón.

- Intoxicación por gases específicos como monóxido de carbono o hexavalente de cromo.

Medidas preventivas

Equipos de protección individual (EPI):

- Mascarillas con filtros adecuados para partículas y gases específicos.

- Equipos de respiración autónoma en ambientes especialmente contaminados o confinados.

Medidas colectivas:

- Sistemas de extracción localizada para capturar humos directamente en el punto de generación.

- Ventilación general adecuada para renovar el aire y evitar acumulaciones.

- Señalización y delimitación de áreas con concentración alta de humos.

- Formación: información y capacitación sobre los riesgos de los humos y gases específicos de cada proceso, así como procedimientos de actuación en caso de exposición o intoxicación.

Consideraciones adicionales

La monitorización ambiental y médica periódica es esencial para detectar precozmente efectos en la salud de los soldadores. La correcta selección y mantenimiento de los sistemas de ventilación y EPI es clave para minimizar la exposición.

4.6. Riesgos de explosión en la soldadura oxiacetilénica y corte por gas

Descripción

La soldadura oxiacetilénica y el corte por gas implican el uso de gases combustibles como el acetileno, junto con oxígeno puro. Esta combinación, si no se manipula adecuadamente, puede generar atmósferas explosivas o provocar reacciones violentas. Además, la acumulación de gases en espacios reducidos o en equipos defectuosos aumenta el riesgo de explosión.

Figura 4.6. Riesgo de explosión en el uso de bombonas de gas.

Situaciones habituales

- Fugas en las mangueras o conexiones de los equipos de soldadura.

- Presencia de llamas de retroceso (*flashback*) o retrocesos de presión que alcanzan los manorreductores o cilindros.

- Uso de equipos defectuosos o sin mantenimiento (antirretorno en mal estado, boquillas obstruidas).

- Soldadura o corte en atmósferas con vapores inflamables o gases acumulados.

- Mala ventilación en espacios confinados, permitiendo acumulaciones explosivas.

Consecuencias potenciales

- Explosiones localizadas que pueden causar quemaduras graves, amputaciones o muerte.
- Daños severos a las instalaciones, generando incendios secundarios.
- Proyecciones violentas de fragmentos de material o piezas metálicas.
- Afectación a otros trabajadores presentes en el área.

Medidas preventivas

Equipos de protección individual (EPI):

- Guantes resistentes al calor, pantallas faciales y ropa ignífuga.
- Calzado de seguridad con suela antiperforación y resistente a fuego.

Medidas colectivas:

- Instalación de válvulas antirretorno de llama en las mangueras de oxígeno y acetileno.
- Revisión periódica de mangueras, boquillas y manorreductores.
- Sistemas de detección de gases inflamables en áreas críticas.
- Señalización clara de zonas con riesgo de explosión.
- Formación: instrucciones precisas sobre montaje, encendido y apagado de equipo de gas, así como simulacros sobre cómo actuar ante el retroceso de llama o fuga de gas.

Consideraciones adicionales

La correcta ventilación, la eliminación de materiales inflamables cercanos y el uso de equipos certificados reducen significativamente el riesgo de explosión. Este tipo de trabajos no debe realizarse sin autorización y supervisión cuando se desarrollan en entornos de riesgo elevado.

4.7. Riesgos en piel y ojos por exposición a radiación

Descripción

Durante los procesos de soldadura, especialmente en los métodos por arco eléctrico, se generan radiaciones ópticas intensas que incluyen radiación ultravioleta (UV), infrarroja (IR) y luz visible muy intensa. Esta radiación puede provocar lesiones graves en la piel y, sobre todo, en los ojos si no se cuenta con la protección adecuada.

Figura 4.7. Señal de peligro: radiación.

Situaciones habituales

- Soldadura eléctrica sin protección ocular adecuada.

- Observación accidental del arco eléctrico por trabajadores cercanos sin medios de protección.

- Exposición prolongada a la radiación UV sin ropa o protección adecuada en cara, cuello o antebrazos.

- Uso incorrecto de pantallas de soldador, o bien en estado de deterioro o con filtros inadecuados.

Consecuencias potenciales

- Quemaduras en la piel por radiación UV, similares a una quemadura solar intensa.

- Fotoconjuntivitis o «ceguera del soldador»: inflamación dolorosa de la córnea, con pérdida temporal de visión.

- Lesiones oculares permanentes en caso de exposiciones reiteradas o intensas.

- Irritación ocular, lagrimeo y sensibilidad a la luz incluso con exposiciones cortas.

Medidas preventivas

Equipos de protección individual (EPI):

- Pantallas de soldador con filtros adecuados a la intensidad del arco (Normas EN 379 para filtros automáticos y EN 175 para la pantalla).

- Gafas de seguridad para tareas de preparación o limpieza postsoldadura.

- Ropa de protección ignífuga que cubra completamente brazos, cuello y torso.
- Guantes largos y polainas que impidan la exposición de piel a la radiación directa o indirecta.

Medidas colectivas:

- Cortinas o pantallas opacas o filtrantes alrededor del área de soldadura para evitar exposición a terceros.
- Señalización de zonas con riesgo de exposición a radiación intensa.
- Delimitación de áreas de trabajo para impedir el acceso de personal no autorizado.
- Formación: información y formación tanto sobre los riesgos de la radiación en soldadura como sobre el correcto uso y mantenimiento de los EPI. De igual modo, supervisión continúa del cumplimiento de las medidas de protección visual en el entorno de trabajo.

Consideraciones adicionales

La exposición indirecta a la radiación (reflejada en superficies metálicas o claras) también puede causar daños, incluso si no se observa directamente el arco. Por ello, es fundamental proteger tanto al soldador como al resto de trabajadores presentes en el entorno inmediato.

4.8. Estrés térmico

Descripción

El estrés térmico se produce cuando el cuerpo no puede mantener su temperatura interna dentro de los límites normales debido a condiciones ambientales extremas, sobre todo por calor. En los trabajos de soldadura, este riesgo es frecuente debido a la combinación de fuentes de calor (arco, metal fundido, herramientas calientes), el uso de ropa protectora pesada y espacios de trabajo poco ventilados.

Situaciones habituales

- Soldadura en ambientes calurosos, como naves sin ventilación o al aire libre en verano.
- Trabajo en espacios confinados donde el calor se acumula sin posibilidad de disipación.
- Uso prolongado de EPI ignífugos que dificultan la transpiración y retienen el calor corporal.
- Jornadas extensas sin pausas adecuadas ni hidratación.

Figura 4.8. Riesgo por exposición a altas temperaturas.

Consecuencias potenciales

- Fatiga térmica, que disminuye la concentración y aumenta el riesgo de accidentes.

- Calambres por calor, especialmente en brazos y piernas.

- Golpe de calor, con síntomas como confusión, pérdida de conciencia o incluso riesgo vital.

- Deshidratación severa, que compromete el rendimiento físico y mental.

Medidas preventivas

Equipos y medios de protección:

- Uso de ropa de protección térmicamente adecuada, pero transpirable cuando sea posible.

- Aplicación de medidas organizativas que reduzcan la exposición directa al calor.

- Ventilación forzada en lugares cerrados o uso de extractores de aire caliente.

Organización del trabajo:

- Pausas regulares en zonas frescas o sombreadas.

- Hidratación frecuente y disponibilidad de agua potable.

- Adaptación de ritmos de trabajo según condiciones térmicas.

Formación:

- Reconocimiento de los síntomas iniciales del estrés térmico por parte de los trabajadores.

- Procedimientos de actuación ante golpes de calor o deshidratación.

- Concienciación sobre la importancia de la autoevaluación térmica.

Consideraciones adicionales

El estrés térmico no solo afecta al bienestar del trabajador, sino que incrementa el riesgo de errores operativos, pérdida de control de herramientas o materiales calientes y, por tanto, accidentes adicionales. Por ello, la prevención debe integrarse en la planificación del trabajo en condiciones calurosas.

4.9. Riesgos en atmósferas explosivas

Descripción

Una atmósfera explosiva es una mezcla con el aire, en condiciones atmosféricas, de sustancias inflamables en forma de gases, vapores, nieblas o polvo, que puede inflamarse tras una fuente de ignición. En trabajos de soldadura, que implican chispas, calor y llamas abiertas, ese riesgo cobra especial relevancia, especialmente en espacios confinados o con presencia de sustancias inflamables.

Figura 4.9. Riesgo de explosión en trabajos de soldadura.

Situaciones habituales

- Trabajos de soldadura en depósitos, silos, tanques o tuberías donde previamente se han almacenado combustibles, disolventes o gases.

- Zonas con fugas de gases inflamables o vapores que pueden acumularse en ausencia de ventilación.

- Soldadura en instalaciones industriales con presencia de polvo combustible (harinas, maderas, metales finos).

- Operaciones de corte térmico o esmerilado en lugares donde no se ha limpiado adecuadamente de residuos inflamables.

Consecuencias potenciales

- Explosiones con efectos devastadores sobre la salud (quemaduras, traumatismos) y las instalaciones.

- Incendios instantáneos con propagación rápida.

- Daños estructurales al entorno de trabajo.

- Accidentes múltiples especialmente en espacios confinados o con más de un operario presente.

Medidas preventivas

Evaluación previa del entorno:

- Análisis de atmósferas mediante detectores de gases o control de oxígeno.

- Limpieza exhaustiva de depósitos o conductos antes de intervenir.

- Clasificación de zonas ATEX (atmósferas explosivas) según el Real Decreto 681/2003 y uso de procedimientos específicos.

Equipos y métodos seguros:

- Uso de herramientas antiflagrantes cuando se requiera.

- Aplicación de permisos de trabajo específicos para soldadura en zonas peligrosas.

- Prohibición de trabajar con fuentes de ignición sin autorización previa en entornos con riesgo de explosión.

Formación:

- Capacitación sobre riesgos ATEX y medidas de prevención.

- Procedimientos claros en caso de detección de atmósferas peligrosas.

- Simulacros y entrenamiento en primeros auxilios para incidentes con fuego y explosiones.

Consideraciones adicionales

El riesgo de explosión no siempre es evidente, especialmente en ambientes cerrados o instalaciones antiguas. Por ello, la correcta planificación, junto a la evaluación del entorno y la adopción de medidas estrictas de control, resulta vital antes de realizar cualquier actividad de soldadura en zonas potencialmente explosivas.

4.10. Riesgos en contactos eléctricos

Descripción

La soldadura eléctrica, por su propia naturaleza, implica el uso de equipos conectados a la red eléctrica o a fuentes de corriente. Esta situación expone al operario a riesgos de contacto eléctrico, tanto directo como indirecto, especialmente cuando no se respetan las condiciones de seguridad del equipo, el entorno o los procedimientos de trabajo.

Figura 4.10. Accidente laboral por contacto eléctrico.

Situaciones habituales

• Manipulación de cables deteriorados, pinzas o portaelectrodos sin aislamiento adecuado.

- Uso de máquinas de soldar en ambientes húmedos, mojados o con el operario descalzo o sin guantes.

- Conexión o desconexión del equipo sin desconectar la alimentación.

- Uso de equipos eléctricos defectuosos, sin revisión periódica ni marcado CE.

- Falta de puesta a tierra o uso de tomas defectuosas.

Consecuencias potenciales

- Descargas eléctricas con afectación al sistema nervioso o cardíaco.

- Quemaduras internas o externas por arco eléctrico.

- Caídas secundarias a un contacto eléctrico (por reacción del cuerpo).

- Paro respiratorio o cardíaco, en casos graves.

- Fallecimiento, en contactos de alta tensión o falta de medidas de socorro inmediato.

Medidas preventivas

Equipos seguros:

- Utilización de equipos de soldadura con marcado CE y adecuados a la tarea.

- Revisión periódica por personal autorizado.

- Aislamiento correcto de cables, conexiones, pinzas y portaelectrodos.

- Verificación de que las máquinas dispongan de protección contra sobreintensidades.

Condiciones del entorno:

- Evitar suelos mojados y zonas con alta humedad ambiental.

- Uso obligatorio de EPI dieléctricos (guantes aislantes, calzado de seguridad con suela aislante).

- Instalación de diferenciales y sistemas de puesta a tierra eficaces.

Organización y formación:

- Prohibición de manipular los equipos información adecuada.

- Formaciones específicas sobre primeros auxilios en caso de electrocución.

- Supervisión técnica en ambientes con condiciones especiales (espacios confinados, atmósferas inflamables, etcétera).

Consideraciones adicionales

El riesgo eléctrico no solo está presente durante el proceso de soldadura, sino también en la instalación, mantenimiento o traslado del equipo. En trabajos en altura, hay espacios reducidos o zonas con presencia de líquidos, las consecuencias de una descarga pueden amplificarse significativamente. Por ello, la prevención debe enfocarse desde una triple perspectiva: técnica, organizativa y formativa.

4.11. Riesgos derivados de la manipulación manual de cargas

Descripción

Los trabajos de soldadura, a menudo, requieren mover, posicionar o sujetar materiales metálicos pesados (tubos, chapas, estructuras), herramientas o equipos auxiliares. Estas acciones suponen un riesgo ergonómico importante, especialmente si no se utilizan ayudas mecánicas o se realiza la tarea de forma incorrecta.

Figura 4.11. Manipulación manual de cargas en el trabajo.

Situaciones habituales

- Elevación manual de estructuras metálicas pesadas.
- Desplazamiento de bombonas de gas sin medios auxiliares.

- Posicionamiento forzado de piezas para soldar.

- Manipulación en posturas incómodas o en espacios reducidos.

- Tareas repetitivas que implican esfuerzo físico continuo.

Consecuencias potenciales

- Lumbalgias, dorsalgias y otras lesiones musculoesqueléticas.

- Hernias discales por esfuerzos mal realizados.

- Lesiones en hombros, muñecas o rodillas por sobrecarga.

- Fatiga física acumulada y disminución del rendimiento.

- Accidentes por pérdida de control del objeto manipulado.

Medidas preventivas

Organizativas:

- Evaluación del riesgo según el Real Decreto 487/1997, con la ayuda de la guía del INSST.

- Rediseño del puesto para reducir la necesidad de carga manual.

- Planificación del trabajo para distribuir el esfuerzo físico.

Técnicas:

- Uso de carretillas, grúas, gatos hidráulicos o mesas elevadoras.

- Equipos con ruedas o sistemas de arrastre para objetos pesados.

- Plataformas que eviten movimientos forzados o torsiones.

Formativas:

- Formación específica en técnicas de levantamiento seguro.

- Concienciación sobre pausas y estiramientos.

- Información clara sobre el peso de los objetos que se van a manipular.

Consideraciones adicionales

El riesgo se agrava en presencia de superficies irregulares o si se combinan otros factores como el calor, las prisas o una iluminación deficiente. Debe contemplarse la manipulación manual como parte integral del diseño preventivo del puesto de soldadura.

4.12. Mantenimiento de equipos de soldadura

Descripción

Un mantenimiento deficiente de los equipos de soldadura puede generar ries-gos eléctricos, térmicos, mecánicos o de proyección. Además, reduce la efi-cacia del trabajo y puede provocar fallos críticos durante su ejecución. La seguridad del soldador comienza por la fiabilidad de sus herramientas.

Figura 4.12. Revisión de equipos e instrumentos de soldadura.

Situaciones habituales

• Equipos con conexiones eléctricas deterioradas o mal aisladas.

• Sistemas de ventilación inoperativos en equipos MIG/MAG o TIG.

• Manómetros, mangueras o válvulas defectuosas en equipos de gas.

• Electrodos o antorchas en mal estado.

• Fugas de gas no detectadas o componentes obstruidos.

Consecuencias potenciales

• Descargas eléctricas o cortocircuitos.

• Incendios o explosiones por fuga de gas.

- Fallos de encendido o inestabilidad del arco.

- Daños en piezas o soldaduras defectuosas.

- Lesiones al operario o personas cercanas.

Medidas preventivas

Revisión técnica periódica:

- Mantenimiento según las instrucciones del fabricante.

- Inspecciones visuales diarias antes del uso.

- Registro y planificación de revisiones anuales o por horas de uso.

Repuestos y reparaciones:

- Sustitución inmediata de piezas defectuosas.

- Uso exclusivo de recambios compatibles y homologados.

- Reparaciones únicamente por personal cualificado.

Condiciones de almacenamiento y uso:

- Guardado en lugares secos, ventilados y protegidos del polvo.

- Transporte adecuado de equipos y bombonas.

- Evitar impactos temperaturas extremas o humedad excesiva.

Consideraciones adicionales

Un equipo de soldadura mal mantenido no solo supone un riesgo inmediato para el trabajador, sino que también compromete la calidad del trabajo. Una política preventiva debe incluir no solo inspecciones periódicas, sino también cultura de revisión diaria por parte del propio soldador.

Test de evaluación

Este cuestionario tiene como objetivo reforzar los conocimientos adquiridos en la **Unidad 4. Factores de riesgo en los trabajos de soldadura.** Cada pregunta presenta tres posibles respuestas, de las cuales solo una es correcta. Reflexiona antes de responder.

4.1. **¿Qué elemento del equipo de protección individual (EPI) es esencial para prevenir quemaduras en soldadura?**

    a) Ropa de algodón ligera.

    b) Guantes y ropa ignífuga certificados según la norma EN ISO 11611.

    c) Mangas cortas para mayor movilidad.

4.2. **En los trabajos de soldadura, ¿cuál de las siguientes prácticas aumenta el riesgo de caída de objetos pesados?**

    a) Mantener las zonas de paso despejadas.

    b) Almacenar materiales pesados en estanterías sin sujeción o revisión.

    c) Utilizar protecciones colectivas como redes o barandillas.

4.3. **En la soldadura oxiacetilénica, ¿qué medida preventiva evita el retroceso de llama y reduce el riesgo de explosión?**

    a) Aumentar la presión del gas en las mangueras.

    b) Instalar válvulas antirretorno de llama en las líneas de oxígeno y acetileno.

    c) Mantener abiertas las válvulas de gas durante la pausa de trabajo.

4.4. **¿Cuál es una situación habitual de riesgo de golpes contra objetos en soldadura?**

    a) Manipular piezas o herramientas en espacios reducidos con baja visibilidad.

    b) Realizar tareas al aire libre en zonas despejadas.

    c) Trabajar con maquinaria completamente detenida y señalizada.

4.5. ¿Qué medida preventiva contribuye directamente a reducir el riesgo de incendio en soldadura?

a) Aumentar la potencia del equipo para reducir el tiempo de exposición.

b) Mantener orden y limpieza evitando materiales combustibles en el área.

c) Almacenar productos inflamables cerca del puesto de soldadura.

4.6. ¿Qué tipo de radiación emitida durante la soldadura puede causar fotoconjuntivitis o «ceguera del soldador»?

a) Radiación ultravioleta (UV).

b) Radiación infrarroja (IR).

c) Radiación de microondas.

4.7. Durante una jornada de soldadura en una nave sin ventilación y con alta temperatura ambiental, ¿qué riesgo puede presentarse con mayor probabilidad?

a) Estrés térmico por acumulación de calor y falta de hidratación.

b) Hipotermia por exceso de ventilación.

c) Riesgo eléctrico por contacto directo.

4.8. Antes de iniciar la soldadura en el interior de un depósito que contuvo disolventes, ¿qué medida debe adoptarse?

a) Comprobar el contenido de oxígeno y limpiar el interior de residuos inflamables.

b) Introducir aire comprimido para acelerar el secado.

c) Comenzar la soldadura con ventilación natural.

4.9. Un trabajador utiliza una máquina de soldar con cables deteriorados y sin toma de tierra. ¿Qué tipo de riesgo está asumiendo?

a) Riesgo térmico.

b) Riesgo por contacto eléctrico directo o indirecto.

c) Riesgo de estrés térmico.

4.10. **¿Qué práctica preventiva es esencial para evitar accidentes derivados del mal estado de los equipos de soldadura?**

a) Utilizar equipos hasta que fallen, sustituyéndolos solo si se averían.

b) Realizar inspecciones visuales diarias y mantenimiento según las instrucciones del fabricante.

c) Guardar los equipos conectados y listos para uso inmediato.

Conclusión o nota final

Este manual ha sido concebido como una herramienta técnica de apoyo a la formación en prevención de riesgos laborales, especialmente en el ámbito de los trabajos de soldadura. A lo largo de sus capítulos se han abordado, de forma estructurada, la identificación de riesgos, las medidas preventivas, la gestión de emergencias y los fundamentos normativos que regulan esta disciplina.

Más allá del cumplimiento legal, se busca contribuir al desarrollo de una cultura preventiva sólida y profesional, en la que la seguridad y la salud formen parte integral del desempeño diario. Porque cada medida preventiva adoptada representa un paso firme hacia entornos de trabajo más seguros, más saludables y responsables.

Este libro aspira, por tanto, hacer una herramienta útil de consulta, concienciación y formación a lo largo de toda la trayectoria profesional.